职业教育融媒体教材

人工智能基础与应用

刘琳 王亚楠 赵玉锋 主编
张军 郝桓成 孟庆宇 张学华 副主编

清華大學出版社
北京

内 容 简 介

本书共分为五大模块，系统详尽地介绍了人工智能的多个关键领域。模块 1 引领读者初步探索人工智能的世界，主要介绍了人工智能的基本概念、发展历程、关键技术及应用场景，旨在为读者学习人工智能打下坚实的理论基础。模块 2 聚焦于生成式人工智能的四大核心技术领域——文本、图像、语音和视频生成，通过具体任务和实践案例，让读者亲身体验人工智能的魅力。模块 3 将视角转向人工智能在现实生活中的应用，涵盖了智能购物、智能交通、智能安全和智能制造等多个方面，展示了人工智能如何深刻改变着我们的生活和工作方式。模块 4 引导读者思考人工智能带来的伦理、法律和数据安全等问题，强调在追求技术进步的同时，也要坚守伦理底线，保障数据安全。模块 5 展望了人工智能的未来发展趋势，并为读者提供了职业规划与能力提升方面的建议，帮助读者在人工智能领域找到自己的职业定位和发展方向。

本书兼顾通识与技能，具有较强的实用性，既可作为中等职业学校及高等职业院校人工智能公共基础课程的教材，也可作为电子信息、计算机类相关专业的人工智能课程的入门教材。

图书在版编目（CIP）数据

人工智能基础与应用 / 刘琳，王亚楠，赵玉锋主编 .

北京：清华大学出版社，2025. 5（2025.9 重印）. --（职业教育融媒体

教材）. -- ISBN 978-7-302-69283-6

Ⅰ. TP18

中国国家版本馆 CIP 数据核字第 2025YH9503 号

责任编辑：田在儒
封面设计：刘　键
责任校对：李　梅
责任印制：宋　林

出版发行：清华大学出版社
网　　址：https://www.tup.com.cn，https://www.wqxuetang.com
地　　址：北京清华大学学研大厦 A 座　　邮　　编：100084
社 总 机：010-83470000　　邮　　购：010-62786544
投稿与读者服务：010-62776969，c-service@tup.tsinghua.edu.cn
质量反馈：010-62772015，zhiliang@tup.tsinghua.edu.cn
课件下载：https://www.tup.com.cn, 010-83470410
印 装 者：涿州市般润文化传播有限公司
经　　销：全国新华书店
开　　本：185mm×260mm　　印　　张：10.75　　字　　数：267 千字
版　　次：2025 年 6 月第 1 版　　印　　次：2025 年 9 月第 2 次印刷
定　　价：43.00 元

产品编号：112062-01

前　言

FOREWORD

在当今这个信息化、智能化的时代，人工智能如同一股强劲的东风，以其独特的魅力和无限的潜力，深刻地改变着我们的生活和工作方式。近年来，随着国家一系列人工智能教育文件的出台，如《新一代人工智能发展规划》等，明确提出了要加强人工智能领域人才培养，推动人工智能与教育的深度融合。在此背景下，人工智能的应用场景迅速扩展，从智能制造到智慧农业的跨越，从智能家居的便捷到自动驾驶的革新，再到智慧医疗的精准与智慧城市的智能，这些领域的深刻变革极大地提升了社会的生产效率与民众的生活质量。作为新一代信息技术的杰出代表，人工智能不仅成为推动经济社会发展的重要引擎，更是衡量一国竞争力的重要标准。

为适应智能时代的发展趋势，响应国家"人工智能 +"行动战略，落实《教育强国建设规划纲要（2024—2035 年）》关于促进人工智能助力教育变革的战略部署，教育部职业院校信息化教学指导委员会发布《职业院校人工智能应用指引》，明确指出，中职通识课程内容应包括人工智能基础知识、应用技能和安全伦理，引导中职学校开展适应智能时代的教育教学改革，培养学生的人工智能素养。

在这样的时代背景下，中等职业学校作为职业教育体系中的重要一环，肩负着培养适应未来社会需求的高素质技术技能型人才的重要使命。对于即将步入社会，成为未来建设者和技术应用者的中职学生而言，了解和掌握人工智能的基本原理、关键技术和应用场景，无疑将为他们的职业生涯增添强大的竞争力，使他们能够更好地适应和引领智能化变革的浪潮。

正是在这样的背景下，我们精心编写了这本《人工智能基础与应用》通识教材，适用于所有专业学生学习。本书秉承"从实践入手，先学后教、先练后讲"的教学理念，致力于将理论与实践紧密结合，帮助学生建立对人工智能的基本认知框架，培养他们的实践操作能力和创新思维，为其未来职业发展奠定坚实的基础。

本书具有以下几大特色。

（1）基础普适，搭建知识基石。我们力求为学生提供一个基础且全面的人工智能知识体系，内容涵盖人工智能的基本概念、发展历程、核心技术（如机器学习、深度学习、自然语言处理等）以及伦理与法律框架等，确保每位学生都能理解人工智能的概念并产生浓厚的兴趣，为后续深入学习或在特定领域的应用打下坚实的基础。

（2）理实交融，提升学习效能。根据中职教育的特点，我们特别强调理论与实践的有机融合。在内容编排上，我们先通过一系列简单而有趣的实践任务引导学生入门，让他们在实践中感受人工智能的神奇魅力和巨大的应用价值。接着，逐步深入，介绍相关的理论知识和技术原理，以降低学习难度，提高学习效果，并培养学生的实践能力和创新思维。

（3）技术先进，紧跟时代步伐。在内容选择上，我们注重引入最新的人工智能技术和应用案例。通过详细介绍深度学习、机器学习等前沿技术（如 DeepSeek 大模型）及其在图像识别、语音识别、自然语言处理等领域的应用，使学生能够紧跟时代潮流，掌握前沿的技术动态。同时，我们还关注人工智能的伦理道德和社会影响，培养学生的社会责任感和人文关怀精神。

（4）系统全面，学习循序渐进。全书按照人工智能基础、应用和素养的顺序精心编排，共分五大模块。模块 1 为基础篇，主要介绍人工智能的基本概念、发展历程、关键技术及应用场景；模块 2、模块 3 为应用篇，分别阐述生成式人工智能和基于学习的人工智能的应用案例；模块 4、模块 5 为素养篇，深入探讨人工智能的伦理道德和社会影响以及对学生未来就业的影响。这种结构安排既保证了内容的系统性和完整性，又便于学生循序渐进地学习和掌握相关知识。

（5）图文并茂，激发学习兴趣。在表现形式上，我们注重图文并茂、生动有趣。通过大量图表、图片和示例辅助说明复杂的理论和技术原理，使学生能够更直观、更轻松地理解和掌握所学知识。同时，我们还通过生动的案例和故事激发学生的学习兴趣和好奇心，使学习过程更加愉悦、高效。

本书由于光明总体策划并设计编写目录，刘琳、王亚楠、赵玉锋担任主编，张军、郝桓成、孟庆宇、张学华担任副主编，滕斌、谭丽娜、姚珍珍、韩雪、韩乃丽参加编写。尽管我们在编写过程中力求精益求精，但书中难免有疏漏之处，恳请广大读者批评指正。

编　者

2025 年 1 月

教学资源及更新

目　录

CONTENTS

模块 1　智启未来——走进人工智能新时代

模块导读

在浩瀚的科技宇宙中，人工智能（artificial intelligence, AI）犹如一颗璀璨的新星，正以不可阻挡之势，照亮人类前行的道路，引领我们步入一个前所未有的新时代。它是智慧与创新的交响，是数据编织的梦想，是算法驱动的奇迹。它以前所未有的力量，重塑世界格局，解锁生活的奥秘，赋能产业升级。走进人工智能新时代，让我们一起见证机器与人类共舞的壮丽图景，感受智能科技带来的无限可能！

本模块我们将携手踏入人工智能的新世界，追溯其概念的起源并梳理其发展脉络。深入剖析人工智能对社会各领域的深远影响。通过阐述人工智能的基本原理及独特属性，揭开该领域的神秘面纱，探究其在各行业中的广泛应用及巨大潜能。在此过程中，一同见证这场科技革命如何驱动我们迈向一个更加智能化、高效化的未来。

学习目标

1. 掌握人工智能的基本概念，了解其从萌芽至今的演变过程。
2. 理解人工智能的基本原理与特性。
3. 了解生成式人工智能在文本生成等领域的应用。

1.1　启迪智慧——初探人工智能世界

在这个飞速发展的时代，人工智能正以前所未有的速度融入我们生活的每一个角落，从智能家居的便捷操控到自动驾驶技术的逐步成熟，从医疗诊断的精准提升到金融分析的智能决策……它无处不在，彰显出强大的能力与深远的影响。毋庸置疑，我们已经迎来了人工智能的新时代。

探索发现

体验图灵测试

图灵测试是英国数学家、逻辑学家、计算机科学的先驱艾伦·图灵（见图 1-1）在 1950 年提出的一个思想实验。该测试旨在判断机器是否能够展现出与人类不可区分的智能行为。在图灵测试中，一名人类评判员与两个隐藏的参与者（一个人和一个机器）进行对话，评判员通过打字的方式与两者交流，但无法直接看到他们。对话可以是文字游戏、回答问题或任何形式的交流。如果有超过 30% 的评判员无法准确区分出哪个是人类参与者，哪个是机器参与者，那么就认为机器通过了图灵测试，即判定为它“有”了与人类相似的智能水平。

图 1-1　艾伦·图灵（1912—1954 年）

本活动设计了一场别开生面的智能挑战活动（见图 1-2），通过该活动让学生了解图灵测试的基本原理，体验与人工智能进行交流的过程，激发学生对人工智能的兴趣和思考。

学生通过计算机或移动设备接入一个专门的聊天平台，与两个隐藏身份的对话者（A 和 B）进行文字交流。这两个对话者，一个是由真人（现场的某位老师或学生）扮演，另一个则是由先进的人工智能聊天机器人充当。学生需要在限定时间内，通过对话内容、逻辑连贯性、反应速度等线索，准确判断哪个对话者是真人，哪个是 AI。活动过程中，学生需随时记录自己的观察和判断依据（见表 1-1），并在活动结束后与同伴分享和讨论。

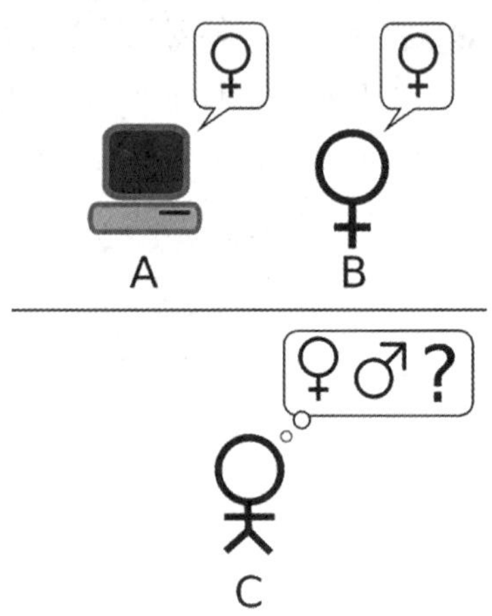

图 1-2　图灵测试概述图

表 1-1　“图灵测试初体验”活动观察表

基本信息 活动名称：图灵测试初体验 活动日期：________________ 参与者姓名：________________ 参与者角色：A. 老师　　B. 学生			
对话内容 1	观察指标	对话者 A	对话者 B
	逻辑连贯性		
	反应速度		
	其他观察（如语气、用词等）		

续表

对话内容 2	逻辑连贯性		
	反应速度		
	其他观察（如语气、用词等）		
判断依据 我认为对话者____是人类，对话者____是 AI。 我的判断依据（结合对话内容、逻辑连贯性、反应速度等）是________			
体验感受与思考 1. 在这次图灵测试体验中，你最大的感受是________ ________ 2. 你对人工智能与人类智能的界限有怎样的新认识？ ________ 3. 你认为这次活动对你和其他参与者的意义是________			
建议			

注：请在活动过程中及时填写此观察表，以便在活动结束后进行分享和讨论。

知识准备

1.1.1　人工智能是什么

自古以来，人类文明就对自身“意识”和“灵魂”的本职进行了无尽的思考与探索，这些深邃的哲学与科学议题，驱动着人们不断探索智慧与认知的边界。随着科技的飞速发展，这一探索逐渐延伸到了一个全新的领域——人工智能。从深入剖析人类心智的微妙之处到创造出能够模拟人类智能，乃至在某些维度上凌驾其上的机器，人工智能的研究不仅代表了对技术极限的挑战，更是一次对人类本质的深刻省察。时至今日，关于人工智能的见解、假说及阐释纷繁多样，然而，尚未有一种视角或观点能够全面而客观地描述人工智能。

要想给人工智能做出合理界定，首先要了解一下什么是智能，构成智能的要素有哪些。

1. 智能

“智能”一词在中国古代的文化宝库中有着深厚的底蕴和丰富的记载。《荀子·正名篇》中有这样的记载：“所以知之在人者谓之知，知有所合谓之智。所以能之在人者谓之能，能有所合谓之能。”这里“智”和“能”虽然被分开讨论，但其中已经隐含了智能是智力和能力二者的结合的思想。

东汉时期的王充在《论衡·实知篇》（见图 1-3）中，更是明确提出了“智能之士”的概念。他写道：“故智能之士，不学不成，不问不知”，“人才有高下，知物由学，学之乃知，不问不识”。王充将“人才”和“智能之士”相提并论，认为人才就是具有一定智能水平的人，强调智能之士需要通过学习和询问来获取知识，以提升自己的智能水平。这些古代思想家的观点为我们理解智能提供了宝贵的思想资源。

图 1-3 王充与《论衡》

“智能”是一个综合性的概念，它涵盖了智力和能力的广泛范畴。无论是人类还是计算机系统，智能都体现为一种深入理解和应对复杂世界的能力。其中包括了卓越的逻辑思维、抽象思维和创新创造力，使实体能够洞察事物的本质，发现新的规律和知识。同时，智能也涉及对外界信息的敏锐感知、高效的记忆存储与提取机制，以及深刻而丰富的情感体验与表达能力。在社交互动中，智能实体能够准确理解他人的意图和情感，进行有效沟通。此外，智能还意味着能够在道德层面上做出正确的判断和决策，引导我们向善、向美、向真理前行。因此，智能是连接认知、情感、社交和道德等多个维度的桥梁，是我们追求更高层次生活和发展不可或缺的重要力量。

2. 人类智能与人工智能

在人类与科技的交汇点，我们常常听到两个词：人类智能（human intelligence, HI）和人工智能。虽然它们都带有“智能”二字，但实际上，它们是两种截然不同的智能类型，各自展现出独特的魅力。

1）人类智能

人类智能，简单来说，就是我们大脑所具备的思维、理解和决策能力。从最初的狩猎采集到农耕文明的兴起，再到工业革命的轰鸣，直至信息时代的飞跃，人类社会文明发展的每一步都凝聚着人类智能的结晶，如图 1-4 所示。在这个漫长的历史进程中，人类智能不仅让我们克服了一个又一个生存挑战，更推动我们在追求美好生活的道路上不断前行。它不仅是我们学习新知识、解决新问题的工具，更是我们推动社会进步的重要力量。

（a）狩猎采集

（b）农耕文明

（c）工业革命

（d）信息时代

图 1-4 人类智能的体现

2）人工智能

当前，人工智能的应用已经广泛渗入各行各业，给我们的工作和生活带来了极大的便利，如图 1-5 所示。

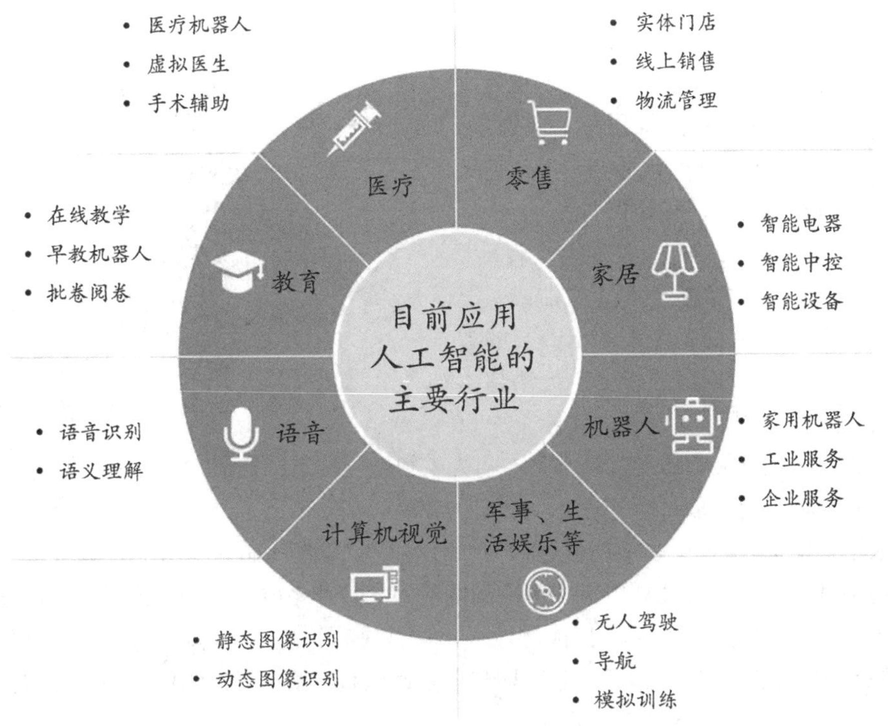

图 1-5 目前应用人工智能的主要行业

关于人工智能，在不同的领域其定义也不尽相同，大体有“人工智能是一种机器”“人工智能是一种学科”“人工智能是一种能力”“人工智能是一种思维”“人工智能是一种自动化”五种定义。《人工智能标准化白皮书（2018 版）》将人工智能定义为：“人工智能是利用计算机科学、数学、物理学、认知科学、神经科学、心理学、社会学、法学等多个学科的知识、理论、方法和技术，通过感知、思考、学习和决策等智能行为，使机器能以类似于人类智能的方式响应，完成特定的任务，以达到或超越人类智能水平的科学和技术。”

一般而言，人工智能具有以下几个特征。

（1）高效的数据处理能力。能够利用先进的算法和计算技术，高效地处理和分析大量数据，提取有价值的信息和知识，为决策提供支持。

（2）强大的学习能力。具备自我学习和优化的能力，通过机器学习、深度学习等技术，可以从数据中学习新的知识和技能，并不断优化自身性能。

（3）智能模拟与决策。能够模拟人类的智能行为，包括感知、思考、推理、决策等，能够在某些情况下自主做出决策并执行相应的行动。

（4）跨领域应用与集成。具有广泛的应用领域，可以与其他技术（如物联网、云计算等）集成，为不同行业提供智能化解决方案。

（5）人机协同与交互。可以与人类进行协同工作，辅助人类完成烦琐、重复或危险的任务，提高工作效率和安全性。

（6）依赖数据与算法。其性能和效果在很大程度上依赖于数据的质量和算法的优化。

（7）伦理与安全挑战。面临着伦理和安全方面的挑战，如数据隐私保护、算法偏见、自主武器系统的道德责任等。

人工智能像人一样，根据其智能水平可以将人工智能分为三个层次，从低到高依次为弱人工智能、强人工智能和超人工智能，如图 1-6 所示。判断人工智能强与弱的依据关键在于其是否有自我意识和自我创新。

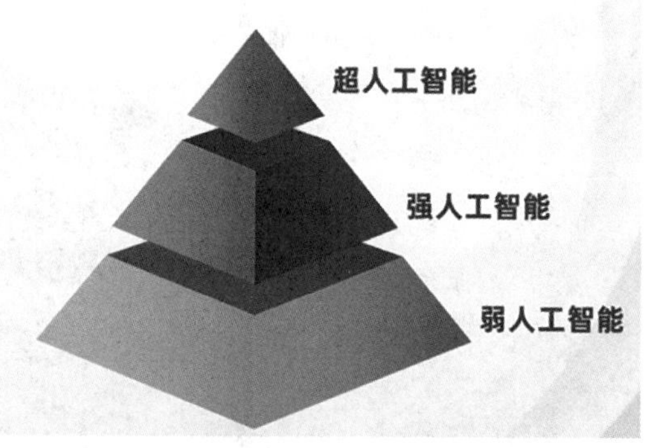

图 1-6 人工智能的三个层次

弱人工智能（weak AI），又称为“窄人工智能”或“专用人工智能”，是指机器或系统只能在特定的领域或任务中表现出人类的智能，只能完成预设范围内的任务，无法超出预定范围进行创新或综合判断。实际上，目前所有的人工智能领域取得的进展都是在弱人工智能领域上，如 AlphaGo（阿尔法围棋）、语音助手、服务机器人、车载电视助手、微软小冰等。

强人工智能（strong AI），有时候也称为“通用人工智能”（artificial general intelligence, AGI），是指具有自我意识，能够独立思考和解决问题的人工智能系统。这种系统不仅能够在特定领域内达到甚至超越人类的水平，还能够像人类一样进行推理、学习以及处理各种复杂问题，拥有自我意识、创新意识。然而，那种具有独立意识和情感认知能力的“强人工智能”到现在依然只存在于科幻电影或文学作品中。

超人工智能（super AI），是指在几乎所有领域（包括科学创新、创造力、社会技能、情感智慧等领域）都超越人类最优秀智能水平的智能体。牛津大学哲学家、未来学家尼克·博斯特罗姆（Nick Bostrom）在《超级智能》一书中，将其定义为在科学创造力、智慧和社交能力等每个方面都比最强的人类大脑聪明很多的智能。这种智能在理论上能够进行自我改进和快速学习。显然，对今天的我们来讲，对超人工智能的讨论还是一个假想的未来点。

人工智能的三个层次对比如表 1-2 所示。

表 1-2 人工智能的三个层次对比

层 次	弱人工智能	强人工智能	超人工智能
定义	完成特定任务或功能	具备与人类相当或超越人类的智能水平，能执行任何智力任务	在几乎所有领域都超越人类最优秀智能水平的智能体
能力范围	有限且特定，无法自主学习和进化	广泛且全面，能进行创造性思考和复杂决策	无限且超强，具备超强的认知能力和信息处理能力
技术实现	机器学习、深度学习、专家系统等	尚未实现，需要解决知识融合与迁移等难题	尚未实现，技术挑战巨大，需要解决 AI 控制问题
事例	语音助手、图像识别、推荐系统、自动化生产线等	假设存在的能够进行创造性思考的人工智能	理论上的人工智能，尚未有实际事例

续表

层 次	弱人工智能	强人工智能	超人工智能
与人类的关系	辅助工具，增强人类能力	合作伙伴，与人类共同完成任务	可能成为人类的指导者或替代者
伦理与道德	较少涉及，主要关注功能实现	需要考虑道德和伦理问题，避免伤害人类	面临极大的伦理和道德挑战，需要达成全球共识，实现共同监管
未来发展	持续改进，拓展应用场景	技术突破，实现全面智能	潜在风险与机遇并存，需要谨慎发展

1.1.2 人工智能的起源与发展

自古以来，人们就怀揣着创造出聪慧灵动的机械生物的梦想，如拥有孙悟空一样的智慧与神通的机械猴子。尽管与如今的人工智能技术相比，实现这些梦想仍显遥远，但它们深刻地反映了人类对智能机器的深切向往。在过去，人工智能常是科幻电影和小说中的主角，它们无所不能，令人赞叹不已，又心生敬畏。然而，时至今日，AI已不再是一个遥不可及的梦想，它已经悄然融入我们的日常生活，成为我们不可或缺的得力助手。那么，引领时代潮流的人工智能究竟起源于何时？它经历了怎样的演变历程？接下来，让我们一同探寻人工智能背后的奥秘。

人工智能的发展经历了三个重要的阶段，如图1-7所示。

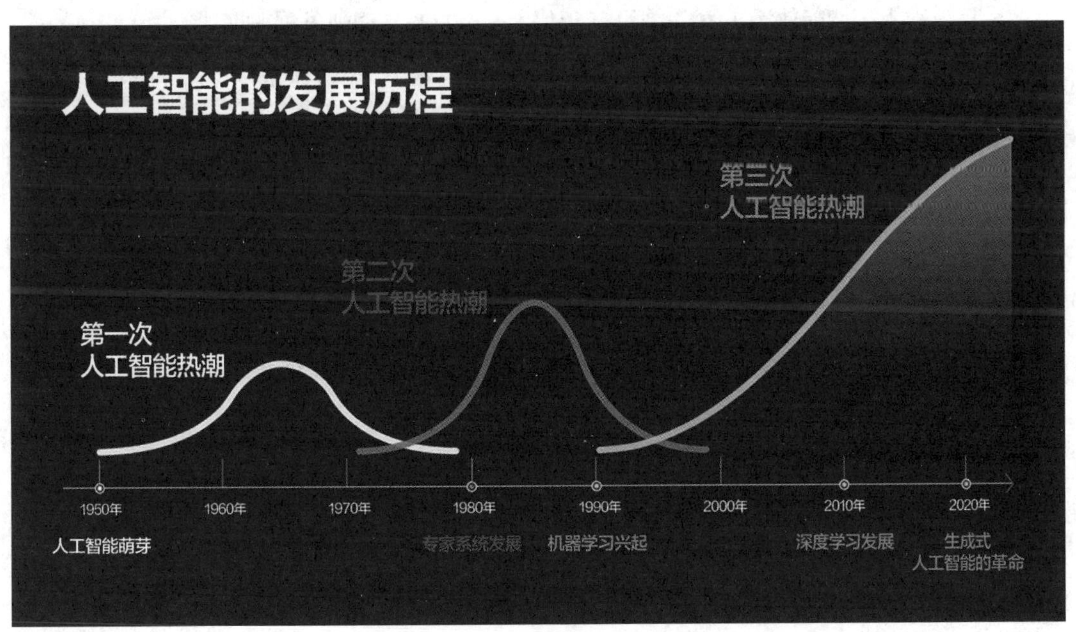

图1-7 人工智能发展的历史演变进程

1. 第一次人工智能热潮（1956—1974 年）——从萌芽到初步探索的关键时期

在这一时期，人工智能的研究主要聚焦于基于逻辑的推理与问题解决能力的发展，旨在构建能够模拟人类思维过程、执行复杂逻辑运算并解决特定问题的机器。

1956 年的达特茅斯会议无疑是这一浪潮的起点，会上约翰·麦卡锡（John McCarthy）等先驱者共同引入了“人工智能”这一概念，并正式开启了该领域的研究探索。该会议不仅确立了人工智能作为一门独立学科的地位，还激发了全球学者对人工智能研究的浓厚兴趣。

20 世纪 60 年代初期，人工智能领域取得了一系列重要突破。例如，1961 年，IBM（万国商业机器公司）的亚瑟·萨缪尔（Arthur Samuel）开发了第一个能够自我学习的程序——一个西洋棋游戏程序，这标志着机器学习领域的初步探索。同年，艾伦·纽厄尔（Allen Newell）和赫伯特·西蒙（Herbert Simon）的通用问题求解器（general problem solver）问世，它利用逻辑推理和启发式搜索策略来解决各种问题，展示了人工智能在解决复杂问题上的巨大潜能。

然而，随着研究的深入，技术上的局限性开始显现。当时的计算资源极为有限，而人工智能系统所需的数据处理能力和存储空间远超当时技术的承载范围。此外，社会对人工智能的期望过于理想化，普遍期待短期内能看到具有广泛通用智能的强人工智能。这种不切实际的期望与当时技术的实际进展之间形成了巨大的鸿沟。

到了 20 世纪 70 年代中期，这些累积的挑战与失望共同导致人工智能经历了诞生以来的第一次寒冬。这次寒冬不仅是人工智能技术发展的低谷，也是对人工智能研究方向的一次深刻反思。它促使研究人员开始重新审视人工智能的目标、方法及其社会影响，为人工智能的复兴奠定了基础。

2. 第二次人工智能热潮（20 世纪 80 年代）——复兴与快速发展时期

在这一时期，专家系统的广泛应用与人工神经网络技术的突破性进展共同推动了人工智能的再次兴起。

1981 年，卡耐基梅隆大学的 XCON 专家系统被成功应用于配置计算机系统的决策支持，成为商业应用中的里程碑事件，展示了人工智能在解决实际问题中的巨大潜能。

紧接着，1986 年，反向传播算法由鲁梅尔哈特（Rumelhart）、辛顿（Hinton）和威廉姆斯（Williams）等提出并得到广泛推广和应用，该算法极大地提升了人工神经网络的训练效率，使神经网络能够更有效地学习并进行复杂的数据处理。同年，辛顿等提出的玻尔兹曼机（Boltzmann machine）进一步推动了人工神经网络的研究，为深度学习技术的发展奠定了基础。

3. 第三次人工智能热潮（2011 年迄今）——蓬勃发展时期

在这一时期，计算能力的迅猛跃升与深度学习算法的革命性飞跃携手并进，引领人工智能在图像识别、自然语言处理等核心领域实现了巨大跨越。

2012 年，ImageNet 大规模视觉识别挑战赛（ILSVRC）的辉煌战果见证了深度学习模型在图像分类领域的卓越表现，标志着人工智能在视觉识别征途上迈出了决定性步伐，成为技术发展史上的一座重要里程碑。

2016 年，AlphaGo 在与围棋世界冠军李世石的对弈中赢得历史性胜利，这一壮举不仅彰显了人工智能在复杂策略博弈中的顶尖实力，更是将人工智能技术的无限潜能置于全球聚光灯下，激发了全球范围内对人工智能未来的无限憧憬与热议。

近年来，人工智能领域的创新热潮持续高涨。2022 年，OpenAI（美国人工智能研究公司）推出的 ChatGPT 凭借其强大的对话生成能力，迅速在全球范围内掀起了一场关于人工智能应用与伦理的热烈讨论。2023 年，谷歌的 Gemini 模型与 OpenAI 的 GPT-4 相继亮相，不仅在语言理解与生成方面实现了质的突破，还展示了人工智能在视觉处理、编程辅助等领域的广泛应用前景，进一步拓宽了人工智能的边界与视野。

步入 2024 年，人工智能依然保持着迅猛发展的势头。OpenAI 推出的 o1 系列模型，尤其是 o1-preview 与 o1-mini，凭借自身卓越的推理能力，再次刷新了人类对人工智能潜能的认知极限。人工智能技术日新月异，预示着其将在更多领域扮演关键角色，为人类社会的可持续发展贡献前所未有的智慧与动力。

人工智能的发展史是一部充满探索与挑战的壮丽篇章。1956 年，达特茅斯会议确立了人工智能作为一门独立学科的地位，第一次人工智能热潮聚焦于逻辑推理与问题解决，虽然遭遇技术局限和社会期望的鸿沟，但为后续研究奠定了基础。第二次人工智能热潮见证了专家系统的商业成功和人工神经网络的技术突破，推动了人工智能的复兴。进入 21 世纪后，特别是 2011 年以来，随着计算能力的飞跃式发展和深度学习算法的革新，人工智能迎来了蓬勃发展时期，在图像识别、自然语言处理等领域取得重大突破，AlphaGo、ChatGPT 等里程碑事件更是将人工智能技术推向全球舞台，激发了人们的无限遐想。如今，人工智能技术持续进步，不断拓宽应用边界，预示着其在未来社会中将发挥更加关键的作用，为人类社会的可持续发展贡献智慧与动力。

1.1.3 人工智能的产业应用

人工智能作为 21 世纪最具变革性的技术之一，正在深刻改变着各行各业的发展格局。从智能制造到智慧金融，从智慧医疗到智慧城市，AI 的应用场景日益丰富，为产业升级和经济发展注入了新的活力。

1. 智能制造

智能制造是一种由智能机器和人类专家共同组成的人机一体化智能系统，它在制造过程中能进行智能活动，如分析、推理、判断、构思和决策等，通过人类与智能机器之间的协作来拓展、延伸并部分代替人类专家制造时的脑力劳动。智能制造使制造自动化在观念上不断更新，并向柔性化、智能化、高度集成化方向拓展，目前主要应用于智能工厂、机器人自动化等领域。

1）智能工厂

智能工厂是 AI 在制造业中的典型应用。通过集成物联网、大数据、云计算等技术，智能工厂实现了生产过程的自动化、智能化和数字化。AI 技术可以优化生产计划，提高生产效率，降低能耗，减少次品率。例如，利用 AI 算法对生产数据进行实时分析，可以预测设备故障并提前进行维护，避免生产中断。

2）机器人自动化

AI 驱动的机器人正在逐步取代传统的人工操作，特别是在危险、重复或高精度要求的场景中。这些机器人能够自主完成搬运、装配、焊接等任务，提高生产效率和安全性。此外，AI 技术还可以使机器人具备学习能力，通过不断试错和优化，提升作业精度和效率。

2. 智慧医疗

智慧医疗是人工智能在医疗领域的重要应用之一，它利用大数据、物联网、人工智能等现代信息技术，实现医疗信息的数字化、智能化和远程化，大大提升了医疗服务的效率和质量，优化了资源配置，为患者提供了更便捷、高效、个性化的医疗服务。目前 AI 技术主要应用于辅助诊断与精准医疗、远程医疗与健康管理等方面。

1）辅助诊断与精准医疗

AI 技术在医疗领域的应用主要体现在辅助诊断和精准医疗上。通过深度学习等技术，AI 可以对医学影像进行自动分析，辅助医生进行疾病诊断。同时，AI 还可以根据患者的基因数据和医疗记录制定个性化的治疗方案，提高治疗效果。

2）远程医疗与健康管理

AI 技术还可以应用于远程医疗和健康管理领域。通过智能穿戴设备和移动应用，AI 可以实时监测用户的健康状况，为其提供健康咨询和预警服务。此外，AI 还可以辅助医生进行远程会诊，提高医疗服务的可及性和效率。

3. 智慧城市

智慧城市是以发展更科学、管理更高效、生活更美好为目标，以信息技术和通信技术为支撑，提高城市运行效率，改善公共服务水平，形成低碳城市生态圈而构建的新形态城市。随着科技的飞速发展和信息化社会的到来，智慧城市已成为今后城市规划的新方向。目前 AI 技术主要应用于城市交通管理、公共安全与应急响应等领域。

1）城市交通管理

AI 技术在城市交通管理中的应用日益广泛。通过智能交通系统，AI 可以实时监测交通流量、路况和道路拥堵情况，为交通管理部门提供决策支持。同时，AI 还可以优化交通信号灯控制，提高交通流畅度和安全性。

2）公共安全与应急响应

AI 技术还可以应用于公共安全和应急响应领域。通过智能监控和预警系统，AI 可以实时监测城市的安全状况，及时发现并预警潜在的安全风险。在突发事件发生时，AI 可以迅速启动应急响应机制，为救援人员提供准确的定位和导航信息，提高救援效率。

4. 智慧农业

智慧农业是指将 AI 技术应用到传统农业中。通过智能农机和物联网技术，AI 可以实时监测农田的土壤、气候和作物生长情况，为农民提供精准的农业管理建议，如图 1-8 所示。我国智慧农业技术不断迭代演进，推动了农业从最简单的机械化到数字化、自动化，再到工作人员为高速插秧机加装北斗卫星导航系统实现智能化的发展。智慧农业与现代生物技术、种植技术等科学技术融为一体，对建设世界级水平农业具有重要意义。

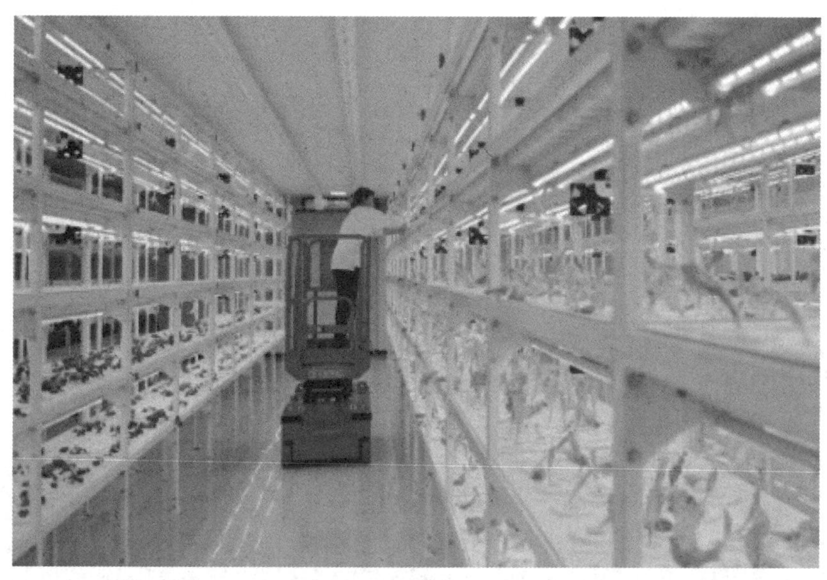

图 1-8 智慧农业赋能乡村振兴

5. 智能家居

在“5G+人工智能”物联网（AIoT）的赋能下，全面革新智能家居产品形态，更大范畴的底层互联协议有望诞生，设备企业全面支持多平台。2023 年以来，智能家居行业正式迈入爆发期，人工智能物联网新技术全面融入空间智能化，如图 1-9 所示。

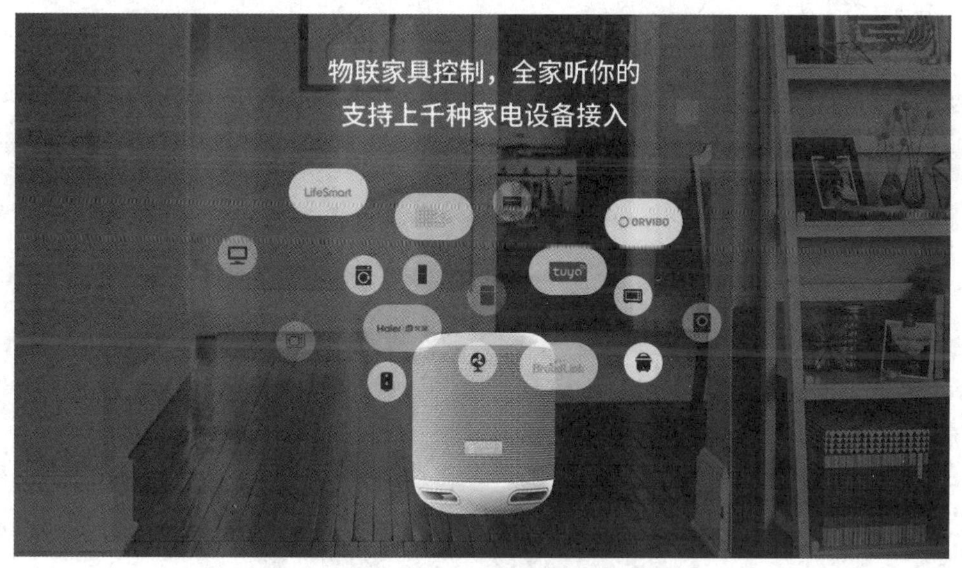

图 1-9 智能家居互通互联

除此之外，人工智能技术还广泛应用于金融服务、交通运输、教育等领域，人工智能技术在产业应用中的广泛渗透和深度融合，推动了各行业的转型升级和高质量发展。未来，随着技术的不断进步和应用场景的不断拓展，AI 将在更多领域发挥重要作用，为经济社会发展注入新的动力。

视野拓展

泰山千年挑山工面临科技革新：机器狗成为高效运输新选择

在巍峨壮丽的泰山之巅，一群人的身影穿越千年时光，他们自秦朝起便肩负着搬运物资、传承文化的重任，成为泰山上一道不可或缺的风景线。这些挑山工，以其坚韧不拔的精神和辛勤的汗水，见证了泰山的沧桑巨变，也使无数游客深受感动。

然而，近日泰山之上迎来了一场前所未有的科技变革——一只能够扛起上百公斤货物的“狗”悄然出现在山路间，从山脚至山顶，仅需短短两小时便能完成往返运输，如图 1-10 所示。这并非人们想象中的生物犬类，而是集高科技于一身的机器狗。那么，这款机器狗究竟是如何完成这项工作的呢?

这款机器狗凭借其卓越的平衡感和稳定性，轻松应对泰山上陡峭的石阶与狭窄的山路。它内置先进的导航系统，能够精准规划路线，巧妙避开障碍物，实现全自动化运输。此外，机器狗还具备强大的承载能力，可根据需求搭载不同重量的货物，极大地降低了人力消耗，提升了运输效率。在能源供应方面，机器狗配备了高效电池系统，支持长时间作业，同时可通过太阳能或便携式充电设备随时补充“能量”，确保其在户外复杂环境中能够持续稳定运行。

经过严格测试，这款机器狗已成功适应泰山景区超过 80% 的路况，其在负重运输垃圾方面表现尤为出色。相较于传统挑山工，机器狗的工作效率显著提升，从山脚至山顶的运输时间缩短了一半。这一高效、快速的运输方式不仅极大地提高了景区的管理效率，还有效降低了人力成本。

机器狗在泰山景区的成功应用，为景区的现代化管理和环境保护提供了新思路。未来，随着人工智能和机器人技术的进一步发展，机器狗的应用场景将更加广泛。它们不仅可以在泰山这样的旅游景区中代替挑山工，还可以应用于矿山开采、紧急救援等领域，成为人类在危险、恶劣的环境中的得力助手。如何在机器狗的使用中保持对自然的尊重与保护，也是未来技术应用中需要重点考虑的问题。

图 1-10 机器狗在泰山运输垃圾

1.1.4 人工智能对社会的影响

在科技日新月异的今天，人工智能已经从一个遥远的概念逐渐走进我们的日常生活，成为推动社会进步的重要力量。然而，随着AI技术的飞速发展，它对社会的影响日益显著。这种影响不仅体现在技术进步的层面，也触及人类社会的多个维度。

1. 生活方式变革

人工智能的普及极大地改变了人们的生活方式。从家庭生活的智能化升级到出行方式的智能化变革，再到医疗健康和教育领域的智能化转型……AI技术正在逐步渗透到我们生活中的每一个角落，引发了一场生活方式的全方位革新。

在家庭生活方面，智能家居的普及让我们的生活变得更加舒适便捷。通过智能音箱、智能照明、智能安防等设备，我们可以轻松地控制居家环境，获得智能化的生活体验。比如，我们可以通过语音指令控制智能音箱播放音乐、查询天气、设定闹钟等，让家庭生活更加智能化、便捷化。

在出行方面，自动驾驶汽车的兴起正在改变我们的出行方式。自动驾驶汽车通过集成先进的传感器、控制器和执行器等设备，实现了对车辆的智能化控制，提高了出行的安全性和便捷性。未来，随着自动驾驶技术的发展成熟和不断普及，我们有望享受到更加智能、高效的出行服务。

在医疗健康领域，人工智能的应用正在推动医疗服务的智能化转型。通过AI技术，我们可以实现医疗影像的智能分析、疾病的智能诊断、药物的智能推荐等，从而提高医疗服务的效率和准确性。同时，AI技术还可以帮助我们更好地管理健康数据，提供个性化的健康管理方案，让我们的健康得到更加全面和有效的保障。

在教育领域，在线教育的兴起正在推动教育方式的智能化变革。通过AI技术，我们可以享受到个性化学习路径推荐、智能辅导和答疑等服务，从而提高学习的效率和效果。AI技术还可以帮助我们更好地评估学生的学习情况和能力水平，为教育决策提供数据支持，促进教育公平和教学质量的提升。

2. 工作效率提升

利用自动化和智能化技术，企业可以更加高效地管理资源，优化生产流程，从而降低成本，提高竞争力。同时，AI技术也为员工提供了更加智能、便捷的工具，能够帮助他们更好地完成工作任务。

1）企业资源管理与生产流程优化

利用自动化和智能化技术，企业能够在资源管理和生产流程优化方面实现显著提升。这些技术的应用不仅加快了产品制造和交付的速度，还通过精准的数据分析和预测，帮助企业做出更为明智的决策，实现了资源的优化配置。例如，智能仓库管理系统通过自动识别、追踪和调度库存，实现了仓储流程的自动化和智能化，显著提高了库存周转率，降低了企业运营成本。

2）提高员工工作效率

AI技术为员工提供了更加智能、便捷的工作工具，极大地提升了他们的工作效能。例如，语音助手和虚拟秘书能够协助员工处理烦琐的数据录入、文本翻译、文档管理等任务，让他们可以将更多精力投入更具创造性和战略性的工作当中。自动化软件能够自动处理重复性任务，如数据处理、文档处理、邮件分类、日程安排等，为员工节省了大量时间。此外，AI 驱动的协作平台促进了团队成员间的高效沟通，提高了项目执行的协同性和效率，确保了工作任务的高质量完成。

3）提供客户服务

例如，AI 聊天机器人能够 24 小时不间断地为客户提供咨询服务，解决常见问题，减轻客服人员的工作负担。在销售领域，AI 技术能够通过数据分析和预测，帮助企业精准定位目标客户，制定个性化的营销策略，提高销售转化率。

3. 社会结构调整

AI 技术的广泛应用，促进了社会结构的转型。一方面，AI 技术的蓬勃发展催生了众多新兴产业，如人工智能研发、大数据分析、机器学习等，这些新兴行业以其创新性和高附加值，为社会创造了大量新的就业机会。这些岗位不仅要求从业者具备扎实的专业技能和创新能力，还为他们提供了广阔的职业发展空间和晋升机会，进一步推动了社会经济的多元化和高质量发展。另一方面，传统行业在 AI 技术的冲击下面临着前所未有的挑战与机遇。为了适应新的市场需求和技术变革，这些行业必须进行转型升级，通过引入 AI 技术来提高生产效率，优化业务流程，创新产品和服务。这个过程中不仅涌现出一批新兴业态和商业模式，也促使传统行业的从业者不断提升自身技能，以适应新的工作环境和要求。

社会结构的变化不仅深刻影响了人们的职业选择和发展路径规划，也对社会的阶层结构和收入分配产生了深远的影响。新兴产业的崛起为高技能人才和创新型人才提供了更多高薪岗位，进一步拉大了高技能劳动力与低技能劳动力之间的收入差距。同时，传统行业的转型升级导致部分岗位被自动化设备取代，引发了一定的就业压力和职业转型需求。

4. 伦理与法律问题

人工智能的发展也带来了一系列伦理和法律问题。例如，AI 技术的误用或滥用可能导致个人隐私遭受侵犯，数据泄露风险剧增，给个人信息安全带来巨大威胁。此外，AI 决策过程的公正性、透明度以及潜在的偏见等问题，成为公众关注的焦点和热议的话题。

科幻电影常常以此为灵感源泉，通过讲述人类、机器人与伦理道德的交织故事，展现了未来社会中人机关系可能面临的复杂局面与深刻矛盾。这些作品不仅激发了观众对未来人机共存图景的广泛想象，更促使我们深入思考：当 AI 技术发展到足以拥有自我意识与情感体验的阶段，我们应如何划定真实与虚拟的界限？如何以一种和谐、尊重的方式与这些“新兴智慧生命”共处？更重要的是，我们如何确保在技术进步的同时，不会侵蚀人类的根本价值观，不会动摇社会的伦理秩序与人文精神？

这些问题不仅触及道德伦理底线和法律监管边界，更促使我们深刻反思如何构建一套更为健全且适应未来发展的伦理准则和法律框架，以有效引导和规范 AI 技术的研发与应用。

1.2　理论解析——揭开人工智能的神秘面纱

人工智能以前所未有的创新方式搭建起连接未来与现实的坚固桥梁。在智能制造领域，它如何引领生产线向智能化方向迈进，实现生产效率与产品质量的双重飞跃？在万物互联的新纪元，它又是怎样让每件物品都具备“交流”的能力，从而极大地方便了我们的日常生活？这一切都源自人工智能强大的计算能力、精密的算法架构以及对大数据的深刻理解和运用。现在，让我们共同踏入人工智能的核心地带，揭开人工智能大模型运作的神秘面纱，深入剖析其背后的算法逻辑、数据处理策略及模型优化的智慧。

探索发现

探索人工智能在网络购物中的应用

在数字化时代，网络购物已经成为我们生活中不可或缺的一部分。从指尖轻触屏幕到心仪商品送货上门，这一切的便捷与高效都离不开人工智能技术的默默支持。

想象一下，当你打开购物平台时，页面立即为你推荐了你可能感兴趣的商品；当你遇到购物难题时，智能客服迅速响应，为你答疑解惑；当你下单支付时，智能系统能够确保交易安全与便捷；当你期待收货时，智能物流系统正在为你规划最优的配送路线……这一切都是人工智能在网络购物中的精彩应用。

今天，我们将通过本活动中的任务体验（见表1-3），带领大家亲身体验人工智能在网络购物中的实际应用。现在就让我们一起踏上这场智能购物之旅，共同探索人工智能在网络购物中的无限可能吧！

表1-3　智能购物之旅任务单

任务主题	任务描述	任务要求
任务一 智能推荐系统	登录购物平台，搜索并浏览商品	观察并分析购物平台根据浏览历史推荐的商品
任务二 智能客服	在购物过程中如遇到问题，尝试使用平台的智能客服功能	观察并分析智能客服的回复方式
任务三 智能支付与风险控制	模拟下单并支付，观察支付过程中的身份验证、支付密码等安全措施	讨论智能支付系统的安全性
任务四 智能物流	查看订单物流信息，了解商品从下单到送达的整个过程	分析智能物流系统的优势

思考或讨论

请以小组为单位，思考并讨论在网络购物体验过程中发现的人工智能应用。

（1）活动过程中，遵守网络购物的相关规定和法律法规。

（2）在使用智能客服和智能支付功能时，注意保护个人隐私和资金安全。

知识准备

1.2.1 人工智能的工作原理

从基础的感知与认知机制到复杂的决策与学习过程，人工智能的工作机制如同一篇精心谱写的乐章，每一个音符都跳跃着算法的智慧与数据的韵律。接下来，我们将深入剖析人工智能的工作机制，从数据的采集与预处理到特征的选择与提取，再到模型的构建与优化以及最终的决策输出与应用反馈，全方位展现人工智能背后的科学原理与技术细节。

1. 人工智能的工作机制

儿童学习并掌握新技能的自然成长过程可以精妙地类比人工智能的工作机制，如图 1-11 所示。试想，儿童自初探世界之时起便通过聆听、观看、触摸等多种感官渠道广泛吸纳信息，这一环节与人工智能的数据采集阶段不谋而合。人工智能同样依赖于庞大的数据集作为其知识的源泉，这些数据涵盖了文本、图像、音频等多种形态，为其提供了丰富多元的学习材料。

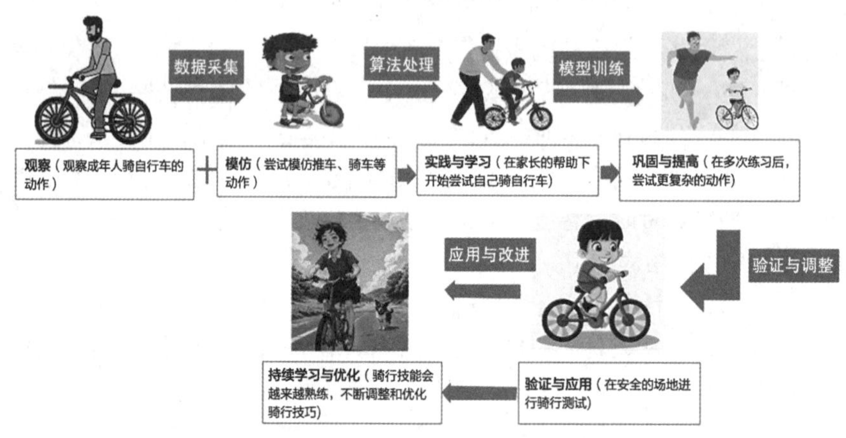

图 1-11 用儿童学习骑自行车的过程类比人工智能的工作机制

随后，儿童会模仿成人的举止，尝试各种新奇的活动，这一过程与人工智能的算法处理阶段有异曲同工之妙。人工智能拥有一套精细复杂的“学习机制”，即算法，尤其是神经网络算法，它们如同儿童大脑中的神经元网络，通过对输入数据的层层剖析、抽象提炼及归纳总结，逐步“习得”识别模式、理解信息的本领。

正如儿童通过做题、练习等方式巩固所学知识与技能，人工智能也通过模型训练来强化其学习成效。在训练过程中，它会根据数据反馈结果不断调整和优化算法参数，使模型能够更精准地识别、分类或预测数据。这一过程犹如儿童通过反复练习逐渐掌握并巩固新技能。

然而，学习之路从无坦途，验证与调整是不可或缺的关键步骤。人工智能利用测试数据集来校验其模型的准确性，一旦发现结果不尽如人意，便会再次调整算法，直至达到理想的性能指标。这与儿童在学习过程中需要不断反思、调整策略以攻克难关的过程如出一辙。

当儿童掌握了新技能，他们会在日常生活中频繁运用并不断完善这些技能。AI 亦是如此，一旦模型经过训练并验证合格，将被部署于自动驾驶、智能客服、医疗诊断等多种实际应用场景中。在实际运作中，AI 会持续收集新数据，进行在线学习及自我迭代，从而变得更加聪慧、更加高效，推动科技与生活的进步。

简言之，人工智能的工作原理就是一个不断观察、学习、验证、调整和应用的过程，如图 1-12 所示，它模仿了人类学习的自然逻辑，通过数据采集、算法处理、模型训练、验证与调整以及应用与改进等关键环节，逐步实现了复杂问题的智能化解决。

数据收集 → 算法处理 → 模型训练 → 验证与调整 → 应用与改进

图 1-12　人工智能的工作原理

2. 人工智能的特点

人工智能有以下几个特点。

1）强大的学习与适应能力

AI 系统具备从大量数据中学习并提取有用信息的能力。通过机器学习算法，AI 可以不断优化自身性能，适应新的环境和任务。这种学习与适应能力使 AI 能够处理复杂多变的问题，并在实际应用中持续进步。

2）高效的数据处理能力

AI 能够处理和分析海量的数据，从中发现规律和模式。这种高效的数据处理能力使 AI 在数据挖掘、预测分析等领域具有显著优势。通过快速处理和分析数据，AI 可以提供有力的决策支持。

3）智能决策与推理能力

AI 系统能够根据已知信息与规则进行推理和决策。它们可以模拟人类的思维过程，解决复杂的问题，并制定出最优的行动方案。这种智能决策与推理能力使 AI 在自动驾驶、医疗诊断等领域具有广泛的应用前景。

4）自主性与交互性

AI 系统能够在一定程度上自主运行，并根据环境变化做出相应调整。同时，AI 系统也具备与人类进行交互的能力，可以通过自然语言处理、计算机视觉等技术实现人机之间的有效沟通。这种自主性与交互性使 AI 能够更好地融入人类生活，为人们提供更好的服务。

5）持续迭代与进化

AI 系统不是静态的，而是持续迭代和进化的。通过不断收集新的数据并进行训练，AI 可以持续提升自身的性能和准确性。这种持续迭代与进化的特点使 AI 能够跟上时代发展的步伐，不断适应新的技术和应用需求。

6）广泛的应用前景

AI 的应用非常广泛，涵盖了智能制造、智慧城市、医疗健康、金融科技等多个领域。随着技术的不断发展，AI 的应用场景不断拓展和深化。这种广泛的应用前景使 AI 成为推动社会进步和发展的重要力量。

3. 人工智能的技术架构

人工智能的技术架构通常分为四个层次。

（1）基础设施层。基础设施层主要包括基础硬件和开源框架。

① 基础硬件。基础硬件提供了人工智能所必需的计算资源、存储资源、网络资源，包括高性能计算机、GPU（图形处理器）、FPGA（现场可编程门阵列）、神经网络芯片等。这些设

备为 AI 系统的训练和推理提供了强大的计算能力。特别是，GPU 在处理大规模并行计算任务时具有显著优势，是深度学习模型训练的重要硬件支持。

② 开源框架。除基础硬件外，开源框架也是基础设施层的重要组成部分。TensorFlow、PyTorch 等开源框架提供了丰富的算法库和优化工具，使开发者能够更加方便地构建和训练 AI 模型。它们是 AI 系统的基础软件设施，为上层算法和应用提供了必要的支持。

（2）算法层。算法层是人工智能的核心部分，通过一系列算法将数据转化为智慧，为人工智能产业提供核心动力。比较经典的算法包括机器学习、深度学习、强化学习等。

（3）能力层。能力层提供了各种具体的能力和功能，如自然语言处理、机器视觉处理等。这些能力是通过对算法层的输出进一步加工整合而形成的。自然语言处理能力包括文本分类、情感分析、命名实体识别等，而机器视觉处理能力可以实现目标检测、人脸识别、场景理解等功能。能力层的技术为上层应用提供了必要的支持和保障。

（4）应用层。应用层是人工智能系统的最终体现，它将前述各层的技术和能力转化为实际应用和服务。应用层涵盖了众多领域，如智能客服、无人驾驶、智慧网络、机器人等。这些应用通过调用能力层提供的各种能力，实现了智能化的功能和解决方案，为人们的生活和工作带来了便利，提高了效率。

人工智能的技术架构从基础设施层到应用层层层递进，共同构成了 AI 系统的完整体系。这四个层次相互协作、相互支持，共同推动了人工智能技术的发展和创新。

1.2.2 人工智能的核心要素

人工智能的迅猛发展，无疑令人瞩目。这一领域的快速进步，离不开多个关键因素的共同推动。那么，究竟是什么原因促使人工智能展现出如此强大的实力与潜力呢？答案在于其核心的三大要素，即数据、算法与算力，如图 1-13 所示。三者相辅相成，构成了人工智能发展的坚固基石，为人工智能技术的不断突破与创新提供了源源不断的动力。接下来，我们将深入探讨这三大要素如何共同作用于人工智能的发展。

图 1-13 人工智能三要素

（1）数据。简单来说，数据就是 AI 用来学习和做出预测的基础信息。在 AI 中，数据可以是文本、图像、声音等各种形式的信息，用于训练和测试 AI 模型。

（2）算法。算法可以看作一套指令或者规则，它告诉 AI 如何处理数据并做出决策。算法就像是 AI 的“大脑”，它决定了 AI 能够做什么和怎么做。

（3）算力。算力就是执行算法所需的计算资源，比如 CPU、GPU 等硬件。强大的算力使复杂的算法能够快速运行，处理大规模数据集，就像一个人如果力气大，就能更快地搬动重物一样。

数据、算法和算力在人工智能技术体系中扮演着不可或缺的重要角色，并称为“三驾马车”。其中，数据是人工智能的“燃料”，是 AI 系统学习与成长不可或缺的动力源；算法则如同人工智能的“智慧引擎”，通过精妙的设计与分析，将数据转化为有价值的洞察与决策；而算力是人工智能的“动力心脏”，以其强大的计算能力，为算法的运行与数据的处理提供有力的支撑。三者相辅相成，共同推动着人工智能技术蓬勃发展。

1. 人工智能的“燃料”——数据

数据是人工智能技术的核心驱动力。没有足够数量和质量的数据，AI 模型就无法进行有效的学习和优化。数据在人工智能中的作用主要体现在以下几个方面。

（1）训练模型。AI 模型，尤其是深度学习模型，需要大量的标注数据来进行训练。这些数据帮助模型学习数据的内在规律和模式，从而实现对新数据的准确预测和分类。

（2）评估性能。在模型训练过程中，数据还用于评估模型的性能。通过对比模型在测试集上的表现，可以了解模型的泛化能力和准确性，进而对模型进行优化。

（3）改进算法。通过对数据的深入分析，可以发现现有算法的不足之处，推动算法的创新和改进。

2. 人工智能的“智慧引擎”——算法

算法是人工智能技术的核心，它决定了 AI 模型如何处理和理解数据。一个好的算法能够更有效地利用数据，提高模型的性能和准确性。算法的重要性体现在以下几个方面。

（1）提取特征。算法能够从原始数据中提取有用的特征，这些特征对于模型的训练和预测至关重要。

（2）优化模型。算法通过不断调整模型参数来最小化损失函数，从而提高模型的性能。

（3）创新应用。算法的创新可以推动 AI 技术在新的领域和场景中的应用，拓展 AI 的边界。

3. 人工智能的“动力心脏”——算力

算力是人工智能技术发展的物质基础，它决定了 AI 模型训练和推理的速度与效率。随着 AI 模型日渐复杂，对算力的需求也越来越高。算力的重要性体现在以下几个方面。

（1）加速训练。高效的算力可以显著缩短 AI 模型的训练时间，使模型能够更快地适应新的数据和任务。

（2）支持大规模应用。在 AI 技术的实际应用中，往往需要处理大量的数据和复杂的计算任务。强大的算力可以支持这些任务的高效执行。

（3）推动技术创新。随着算力的不断提升，可以支持更复杂的算法和模型的研究与开发，推动人工智能技术的持续创新。

1.2.3　机器学习与深度学习

人工智能之所以展现出如此强大的实力，是多种前沿技术与创新思维交织作用的结果。在众多推动其发展的要素中，引领潮流的核心要素无疑是机器学习（machine learning, ML）与深度学习（deep learning，DL），如图 1-14 所示。两者作为人工智能领域的两大支柱，不仅重塑了数据处理与模式识别的范式，更为自动驾驶、智能医疗、金融分析及自然语言处理等行业注入了无限活力与可能。

图 1-14　人工智能、机器学习和深度学习之间的关系

1. 机器学习

在正式学习前，可以将机器学习与计算机的工作方式进行简单类比，如图 1-15 所示。

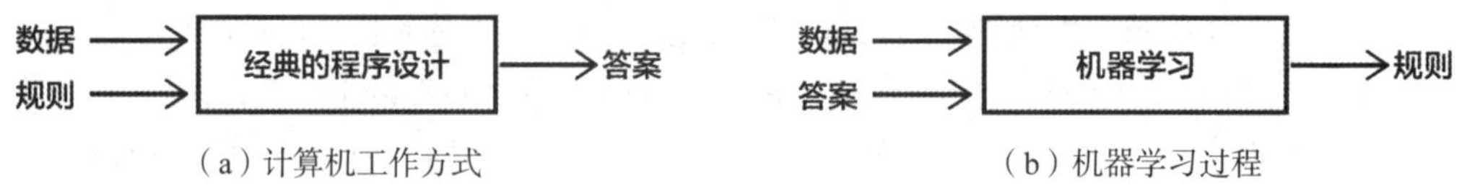

图 1-15　计算机工作方式与机器学习过程的对比

计算机的工作方式是程序员编写规则（程序），计算机遵循这些规则将输入的数据转换为对应的适当答案。这一工作方式适合用来解决定义明确的逻辑问题。

机器学习的核心思想是机器读取输入数据和相应的答案，使用算法分析并找到数据中的潜在规则，然后利用这些规则来生成预测。

机器学习的工作原理可以概括为“数据输入—模型训练—预测输出”的过程。首先，需要收集大量的训练数据，并将数据输入机器学习算法中。然后，算法会对数据进行处理和分析，以发现其中的规则，并构建出一个有效的预测或决策模型。最后，当有新的数据输入时，模型会根据已学习的规则进行预测。

机器学习有三种学习方式，即监督学习（supervised learning, SL）、无监督学习（unsupervised learning，UL）和强化学习（reinforcement learning, RL），如图 1-16 所示。

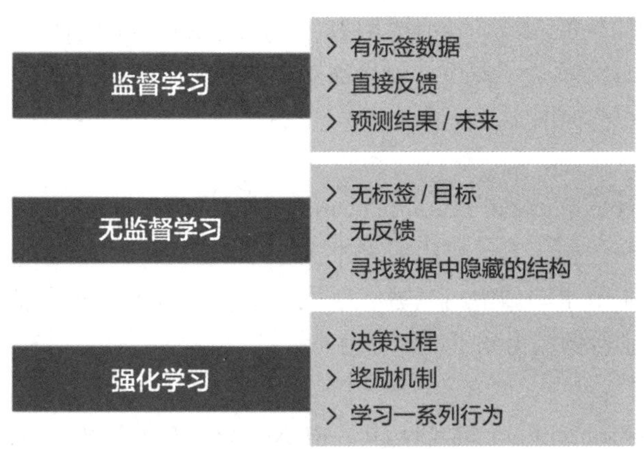

图 1-16　三种学习方式的对比

（1）监督学习。简单来说，就是通过已知的“正确答案”来训练模型，让它学会对新数据进行分类或预测。在监督学习中，算法会不断根据实际输出与期望输出之间的差异进行调整，以优化模型性能。常见的监督学习算法有支持向量机（SVM）、决策树、随机森林、神经网络等。这种方法被广泛应用于图像识别、语音识别、自然语言处理等领域。

（2）无监督学习。与监督学习相反，学习过程不需要“正确答案”来指导，而是让模型自己去发现数据的内在结构和模式。其核心在于挖掘数据的内在结构和模式，从而揭示数据的分布、关联和聚类信息。常见的无监督学习算法有 FP-tree（频繁模式树）、*k*-means（*k* 均值）聚类算法等。

（3）强化学习。通过模拟游戏或环境，让计算机在与人类的交互中获得奖励，并通过学习来提高计算机的决策能力。它没有明确的“正确答案”，而是通过试错和奖励来不断优化自己的行为。例如，2016 年 AlphaGo 击败世界围棋冠军李世石，其博弈能力就是通过强化学习训练出来的。

2. 深度学习

深度学习是机器学习的一个分支，通过构建和训练多层神经网络模型，自动从数据中学习并提取高级特征，以实现复杂任务的自动化处理和决策。

深度学习网络通常由输入层、隐藏层和输出层组成。其中，隐藏层可以有多层，形成深层神经网络，这也是其强大之处。在神经网络中，每一层都通过非线性变换对输入数据进行处理，并将结果传递给下一层，最终输出预测结果或分类标签。这种逐层处理的方式使深度学习能够学习到数据中的深层特征，如图 1-17 所示。

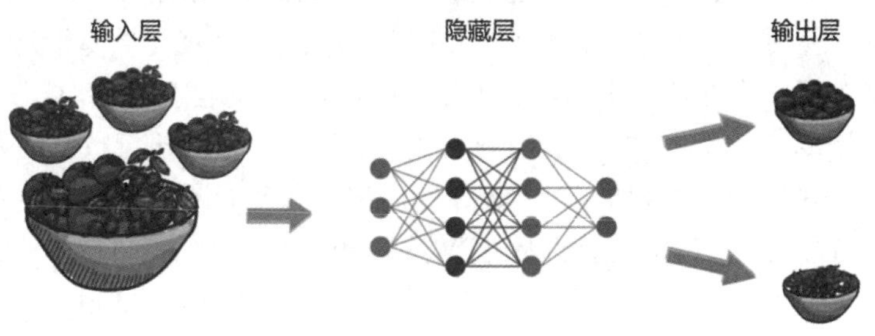

图 1-17　深度学习的网络结构

深度学习作为人工智能领域的核心驱动力，凭借其强大的算法体系，不断推动技术的革新与进步。正是这些算法赋予了深度学习处理复杂数据、挖掘深层信息的能力。接下来，我们将详细介绍三种典型的深度学习算法。

1）卷积神经网络

卷积神经网络（convolutional neural network，CNN）是一种前向反馈神经网络，包括多层卷积层、池化层和全连接层等。相比传统的神经网络模型，CNN 针对图像数据设计了专门的卷积和池化操作，提取出图像中的关键信息并进行分类。CNN 在图像识别、自动驾驶、医学影像分析、人脸识别等领域得到了广泛应用。

2）循环神经网络

循环神经网络（recurrent neural network，RNN）是一类能够处理序列数据的神经网络，基本单元由输入层、隐藏层和输出层构成。不同于传统神经网络，RNN 的隐藏层在每个时间步都存在递归连接，用于将先前时间步的状态传递到当前时间步。这种递归结构使 RNN 能够有效记忆序列中的信息。RNN 在自然语言处理、语音识别、时间序列预测等任务中得到了广泛应用。

3）生成对抗网络

生成对抗网络（generative adversarial network，GAN）是一种深度学习模型，由生成器和判别器两个主要部分组成，这两部分通常是一个神经网络。GAN 通过这两个组件的对抗过程来生成新的、与真实数据相似的数据样本。GAN 因其强大的数据生成能力，在商业领域有着广泛的应用场景，如虚拟模特和时尚设计、游戏和娱乐产业、电影和视觉效果、个性化内容生成、数据增强以及广告业等。

1.2.4 人工智能的硬件基础

在探索人工智能的奥秘与潜力时，我们往往会聚焦于其先进的算法、庞大的数据集及卓越的软件平台，然而，这一切创新与应用都离不开人工智能的硬件基础。作为驱动人工智能技术飞跃式发展的引擎，硬件基础不仅决定了 AI 系统的算力上限，还直接影响着算法的执行效率、模型的训练速度及应用的部署成本。接下来，让我们一同揭开人工智能硬件基础的神秘面纱，深入了解那些为 AI 世界注入强大动力的核心组件与技术。

人工智能之所以能展现出惊人的算力与效能，离不开一系列高性能芯片等硬件基础设施的有力支撑。目前，人工智能芯片有两种发展路径：一种是通用型人工智能芯片，如 CPU 和 GPU，它们的设计初衷并不是专门针对人工智能任务，但因其强大的并行计算能力和灵活的编程模型被广泛应用于人工智能领域，这类芯片的优势在于其通用性强，可以支持多种类型的人工智能算法和应用；另一种是专用型人工智能芯片，如 ASIC（供专用集成电路的芯片）、FPGA 和 NPU（神经网络处理器）等，这类芯片的设计专门针对人工智能任务进行了优化，在能效比、计算密度和计算速度方面具有显著优势，能够高效地执行特定的人工智能算法和应用。两类芯片的对比如表 1-4 所示。然而，专用型人工智能芯片在灵活性方面可能会受到限制，因为它们通常只支持特定类型的人工智能算法和应用。

表 1-4　通用型人工智能芯片和专用型人工智能芯片的对比

项　目	通用型人工智能芯片	专用型人工智能芯片
特征	通用性强，支持多种算法和应用	针对特定算法和应用进行优化，能效比高
计算能力	较强，但在特定任务上可能不如专用型人工智能芯片高效	在特定任务上实现了高效计算，计算密度高
灵活性	高，可以适应多种不同的应用场景	较低，通常只支持特定类型的人工智能算法和应用
功耗	相对较高，尤其是在处理复杂任务时	较低，能效比高，适合长时间运行
成本	研发成本相对较低，使用成本视算法和应用不同而有所不同	研发成本较高，一旦量产，使用成本可能会降低
应用领域	深度学习、机器学习、科学计算等	自动驾驶、自然语言处理、图像处理等特定领域
代表性品牌	英伟达（NVIDIA）、英特尔（Intel）、超威半导体（AMD）	谷歌（Google）强量处理单元（TPU）、寒武纪、华为海思（昇腾系列）、阿里巴巴平头哥（含光系列）

1.3　应用拓展——生成式人工智能

在数字化浪潮汹涌的今天，人工智能以其无与伦比的创新力，成为推动科技进步的关键力量。在数字化的璀璨星河中，生成式人工智能（generative artificial intelligence，GAI）犹如一颗耀眼的新星，悄然引领着人类生活方式的变革。它不仅能够模拟艺术家的灵感，创作出令人惊叹的作品，还能像才华横溢的作家一样自如地生成富有深度的文章。生成式 AI 不仅以惊人的速度产出内容，更是在内容创造、商业策略革新等多个维度上释放出巨大的潜能，为我们的生活增添了绚烂多彩的一笔。现在，就让我们携手踏入这场科技盛宴，深入探索生成式人工智能的无尽奥秘吧！

探索发现

生成式人工智能平台探索之旅

为了让同学们了解并体验这一前沿技术，我们设计了本次“智创未来：生成式人工智能平台探索之旅”活动，旨在通过一系列互动体验环节，让同学们近距离感受生成式人工智能的魅力，激发其创新思维。

任务要求：我们诚邀各位同学参与一场别开生面的分组体验活动。在此活动中，每个小组将被赋予自由选择任意人工智能平台的权利，并依据所选平台完成表格 1-5 中的体验内容。在此过程中，请同学们深入感受生成式人工智能平台的功能和应用，同时思考其优势和局限性。

表 1-5 “智创未来：生成式人工智能平台探索之旅”

主题	目　标	体 验 内 容
创意写作	利用生成式人工智能平台创作一篇具有创意的短篇小说或散文	① 平台功能探索。熟悉平台上的文本生成功能，包括主题设定、风格选择、情节构建等。 ② 创意构思。小组成员共同讨论并确定创作主题和风格，如科幻、奇幻、现实主义等。 ③ AI 辅助创作。利用人工智能平台生成故事大纲、角色设定、关键情节等，小组成员在此基础上进行补充和完善。 ④ 文本润色。通过人工智能平台的文本优化功能，对生成的初稿进行润色和修改，提升文本质量
视觉艺术	利用生成式人工智能平台，创作一幅具有创意的图像或设计作品	① 平台功能探索。熟悉平台上的图像生成和设计功能，包括风格转换、图像修复、艺术风格迁移等。 ② 主题设定。小组成员共同讨论并确定创作主题，如自然风光、城市景观、抽象艺术等。 ③ AI 辅助设计。利用人工智能平台生成初步的图像或设计草图，小组成员在此基础上进行创意调整和细节优化。 ④ 风格探索。尝试不同的艺术风格，如油画、水彩、素描等，观察 AI 在风格转换方面的表现

知识准备

1.3.1 什么是 AIGC

随着生成式人工智能（如大型语言模型、图像生成器等）技术的飞速发展，生成式人工智能正在深刻改变我们的创作方式、工作模式和日常生活。那么，到底什么是生成式人工智能？生成式人工智能又会给我们的工作、生活带来哪些影响呢？

生成式人工智能是人工智能的一个重要分支。吸纳了从机器智能到机器学习、深度学习的关键技术，生成式人工智能更进一步，能够根据提示或现有数据创建新的书面、视觉和听觉内容，如生成具有一定逻辑性和连贯性的文本、图片、声音、视频、代码等。与传统人工智能不同，生成式人工智能不仅能够对输入数据进行处理，更能学习和模拟事物的内在规律，自主创造出新的内容，如表 1-6 所示。

生成式人工智能通常缩写为 GAI，而 AIGC 是指人工智能生成内容（AI generated content）。这两个术语有时会交替使用，但具体含义可能会有所不同：GAI 更偏向于技术和算法本身，而 AIGC 更强调生成的内容。不过在多数情况下，这些术语可以互换使用。

表 1-6 AIGC 和传统 AI 的对比

特性	AIGC	传统 AI
用途	面向非结构化数据的生成，如自然语言文本、图像、音频、视频等	主要处理结构化数据，如数据库中的文本或数字信息
技术	涉及复杂的算法，如深度学习，用于识别非结构化数据中的模式和特征	依赖于预定义的算法和模型，处理结构化数据的速度和准确性较高
数据	通常需要大规模的非结构化数据来训练和优化模型	对结构化数据量的要求相对较低，因为数据的结构和类型是预定义的
结果	生成的内容可能需要进一步优化和调整，以确保其质量和相关性	通常更加准确、可靠，因为处理的是结构化的数据

2022 年年末，OpenAI 推出的 ChatGPT，标志着生成式人工智能技术在文本生成领域取得了显著进展，生成式人工智能应用进入高速增长时期。据 data.ai intelligence 的数据显示，2023 年生成式人工智能应用激增，全年 AIGC 应用下载量突破 8 亿次，所以 2023 年被称为“生成式人工智能的突破之年”。2023 年 12 月，生成式人工智能入选“2023 年度十大科技名词”。2024 年 4 月在瑞士召开的第 27 届联合国科技大会上，世界数字技术院（WDTA）发布了《生成式人工智能应用安全测试标准》和《大语言模型安全测试方法》两项国际标准，其由 OpenAI、蚂蚁集团、科大讯飞、谷歌、微软、英伟达、百度、腾讯等数十家单位的多名专家和学者共同编制而成。截至 2024 年 10 月，中国已完成备案并上线的生成式人工智能服务大模型数量超过 200 个，注册用户超 6 亿。

基于生成式人工智能技术的推动，大模型（尤其是大语言模型）及其相关应用如雨后春笋般涌现，迅速成为人工智能领域实践的新范式。AIGC 的技术基础便是这些大模型。所谓大模型，指的是拥有庞大参数体系和复杂架构的深度学习模型，它们具备从海量数据中学习复杂的模式和特征的能力。以下是大模型在 AIGC 领域中的若干应用。

（1）自然语言处理（NLP）。生成式预训练变换器（GPT）系列模型等用于生成高质量的文本内容，如文章、故事、对话等。

（2）图像生成。生成对抗网络和扩散模型等技术可以用于生成逼真的图像和艺术作品。

（3）音频生成。基于大模型的技术可以用于生成音乐，合成语音和其他音频内容。

（4）视频生成。虽然生成高质量的视频仍具有挑战性，但像 Sora 一样的文生视频等大模型在这方面的研究也在不断推进。

除了 OpenAI 的 ChatGPT 等多家厂商以外，国内也有多家大模型企业和机构正式宣布其服务已经上线，并向全社会开放。目前，百度、智谱、百川智能、字节跳动、商汤、中科院（紫东太初）等多个企业和机构的大模型已经列入第一批备案名单，且已正式上线并向公众提供服务。

这些通用大模型通过学习大量的训练数据，能够捕捉到内容生成所需的复杂特征和模式，成为 AIGC 技术的核心基础。很多厂家也推出了开源的大模型，这些大模型也称“预训练模型”（pre-trained model），这意味着它们允许用户获取后免费使用或经过微调生成新的针对特定使用场景的专业模型。

1.3.2 AIGC 在产业中的典型应用

生成式人工智能作为一项前沿技术，以其独特的创造力和高效的数据处理能力成为推动行业转型升级的重要力量。从精准营销的内容生成到自动驾驶的路径规划，从医疗诊断的辅助分析到金融领域的风险评估，生成式人工智能正以前所未有的方式渗透到人类经济生活的每一个角落。接下来，让我们一同探索生成式人工智能在各行各业中的创新应用，见证它如何携手人类智慧，共同开启未来发展的新篇章。

生成式人工智能正在重塑内容创作的版图，其在文本撰写、图像绘制、艺术创作、音乐编曲及音频制作等多个维度上展现出前所未有的创造力与高效性。这一技术革新极大地丰富了内容创作的手段与形式，在传媒行业、电子商务、影视制作等多个领域释放出强大的效能。

AIGC 在多个产业中展现出广泛的应用场景，具体如下。

（1）传媒行业。AIGC 在传媒行业的应用包括：写稿机器人，能够高效撰写新闻稿件；采访助手，协助记者进行采访工作；视频字幕生成，自动为视频添加字幕；语音播报系统，将文字转化为语音进行播报；视频剪辑工具，自动编辑和优化视频内容；AI 合成主播，模拟真实主播进行新闻报道。

（2）电子商务行业。AIGC 助力商品展示，如生成商品 3D 模型，使消费者能够更直观地了解产品；虚拟主播，进行线上直播和推广；虚拟货场，打造沉浸式购物体验。

（3）影视产业。AIGC 的应用涵盖了剧本创作，自动生成或优化剧本；合成人脸和声音，赋予角色逼真的视听效果；AI 创作角色和场景，丰富影视作品的视觉元素；自动生成影视预告片，快速吸引观众的眼球。

（4）娱乐领域。AIGC 带来了 AI 换脸技术，让用户可以体验不同的角色形象；AI 作曲，根据用户需求创作个性化音乐；AI 合成音视频动画，生成有趣的音视频内容。

（5）教育行业。AIGC 的应用包括虚拟教师，提供个性化的教学服务；课标内容制作，自动生成符合教学大纲的学习材料；将 2D 课本转换为 3D 课本，增强学生的学习体验。

（6）金融行业。例如：AI 实现金融资讯的自动收集和整理；产品介绍视频内容的自动生产，提高营销效率；AI 虚拟人工客服，提供全天候的客户服务。

（7）医疗领域。例如：为失声者合成语言音频，帮助他们恢复沟通能力；为残疾人合成肢体投影，提供辅助支持；提供心理疾病患者陪护，通过 AI 技术提供情感支持和心理干预。

（8）工业领域。AIGC 在工业领域的应用包括：工程设计，自动完成复杂的工程设计任务；衍生设计，生成多样化的设计方案；辅助工程师决策，提供数据支持和智能建议。

自我测试

1. 谈一谈：人工智能中的“学习”是如何实现的，并举例说明。

2. 谈一谈：人工智能三大核心要素（数据、算法、计算能力）之间的关系，以及它们如何共同推动人工智能的发展。

模块自评

<table>
<tr><td>模块名称</td><td>模块 1　智启未来——走进人工智能新时代</td><td>评价人</td><td></td></tr>
<tr><td colspan="3">检 查 评 价 点</td><td>评价等级（A、B、C、D）</td></tr>
<tr><td rowspan="5">素质</td><td colspan="2">初探人工智能世界，了解人工智能的基本概念、由来与发展，及其在日常生活中的广泛应用，增强对科技领域的探索意识和好奇心，养成持续学习和研究的习惯</td><td></td></tr>
<tr><td colspan="2">通过沉浸式体验智能音箱、人脸识别门禁等智能设备，感受人工智能的魅力，增强将科技知识转化为实际应用的意识</td><td></td></tr>
<tr><td colspan="2">通过了解人工智能对社会的影响及其在不同日常应用场景中的差异，深入思考其背后的伦理问题和责任担当，树立科技使用中的伦理意识和责任感，确保科技应用的合法、合规和道德性</td><td></td></tr>
<tr><td colspan="2">通过理论解析人工智能的原理、特点、分类以及算法与数据等基础知识，提升对科技问题的分析能力和创新思维</td><td></td></tr>
<tr><td colspan="2">通过案例分析典型人工智能应用场景，了解生成式人工智能等前沿技术，拓展科技前沿视野，增强对新技术、新应用的敏感度和适应意识</td><td></td></tr>
<tr><td rowspan="8">知识</td><td colspan="2">了解人工智能的基本概念</td><td></td></tr>
<tr><td colspan="2">了解人工智能的由来与发展历程</td><td></td></tr>
<tr><td colspan="2">了解人工智能的日常应用</td><td></td></tr>
<tr><td colspan="2">了解人工智能对社会的影响</td><td></td></tr>
<tr><td colspan="2">掌握人工智能的原理、特点与分类</td><td></td></tr>
<tr><td colspan="2">掌握算法与数据在人工智能中的作用</td><td></td></tr>
<tr><td colspan="2">理解机器学习与深度学习的基本原理</td><td></td></tr>
<tr><td colspan="2">理解生成式人工智能的概念、原理及应用场景</td><td></td></tr>
<tr><td rowspan="8">能力</td><td colspan="2">能表述人工智能的基本概念与由来</td><td></td></tr>
<tr><td colspan="2">能列举并解释人工智能的日常应用</td><td></td></tr>
<tr><td colspan="2">能分析人工智能对社会的影响</td><td></td></tr>
<tr><td colspan="2">能识别并解释人工智能在不同应用场景中的差异</td><td></td></tr>
<tr><td colspan="2">能体验并评价智能设备的便捷性与潜在风险</td><td></td></tr>
<tr><td colspan="2">能阐述人工智能的原理、特点与分类</td><td></td></tr>
<tr><td colspan="2">能应用机器学习与深度学习算法</td><td></td></tr>
<tr><td colspan="2">能分析并预测生成式人工智能的应用场景</td><td></td></tr>
</table>

注：评价等级 A 为优秀、卓越；B 为良好，还有提升空间；C 为一般，有待提升；D 为较差，需重点关注。

模块2　智创关键——探索生成式人工智能技术领域

模块导读

在当今这个数字化迅猛推进的时代，生成式人工智能技术成为推动社会创新与深刻变革的不可或缺的力量。该技术不仅深度赋能传统行业，促进其向智能化、高效化转型，更孕育了众多新兴行业与岗位需求，为经济体系的多元化发展注入了强劲动力。因此，掌握生成式人工智能技术，不仅标志着个人技能层次的显著提升，更是对当今时代快速发展趋势的敏锐洞察与积极拥抱，为个人职业发展铺设通往未来的宽广道路。

本模块聚焦生成式人工智能技术的前沿探索，涵盖其基本原理、多元化应用场景的实践应用及创新内容创作方法，并提供 DeepSeek 等一系列实用工具与实践指导。通过系统学习，学生可自主开展各类基于生成式人工智能的项目，提升问题解决能力和创造性思维，为未来职业发展和学术研究筑牢基础，在职场竞争中脱颖而出。

学习目标

1. 了解文生文、文生图及文生音视频等相关 AI 应用的基本工作原理。
2. 熟悉并掌握各类 AIGC 工具与平台的应用。
3. 能够运用所学知识，利用常用工具独立完成简单的文本、图像及音视频内容的 AI 生成操作。
4. 培养利用生成式人工智能技术解决实际问题及进行创新内容创作的能力。

2.1　文本生成的艺术——从创意写作到智能对话

在信息技术飞速发展的今天，文本生成技术已经从最初的创意写作工具演变为支持多种应用场景的智能对话系统。这一技术的进步，改变了我们获取信息和交流的方式，并在教育、客服、内容创作等多个领域展现出巨大的潜力和应用前景。

在这个充满无限可能的时代，文字既是思想的载体，也是连接过去与未来、人类与智能的桥梁。今天，我们一起踏上一段特别的旅程，从创意写作的温馨港湾出发，驶向智能对话的广阔海洋。在这里，你可以用笔描绘出未来自我的模样，与 AI 进行一场跨越时空的对话，探索那些只存在于想象中的奇妙世界。

探索发现

体验笔端跃动的智能

当创意写作与 AI 对话相遇又会碰撞出怎样的火花呢？是创意的无限延伸，还是智能的精准捕捉？是情感的细腻表达，还是逻辑的严密推理？这一切都将在表 2-1 所示的活动中找到答案。

表 2-1　“体验笔端跃动的智能”活动

环节名称	主 要 任 务	设 计 目 的
创意写作热身	请每位学生以“未来的我”为主题，创作一个简短的故事或文本段落，鼓励自由发挥，不拘泥于形式	通过写作练习，激活学生的创造性思维，为后续活动的展开打下基础
分享与讨论	学生间进行作品分享，重点关注作品中的创意点、情感表达等	通过分享，增进学生对创意写作的理解和欣赏，激发更多灵感
智能对话体验	学生自选 AI 平台，以“未来的我”为主题，与 AI 进行对话	通过亲身体验，让学生感受 AI 在文本生成方面的巨大潜能，初步了解文本生成技术的运作原理
对比分析	学生对比自己的创意写作作品与 AI 生成的对话内容，讨论两者在创意、情感、逻辑等方面的异同	通过对比分析，加深学生对创意写作与 AI 文本生成之间关系的理解，同时引发对文本生成艺术的思考

思考或讨论

（1）与 AI 进行对话时，你对其生成的文本有何感受？

（2）AI 在文本生成方面的发展，是否有可能超越人类的创造力？

知识准备

2.1.1　什么是文本生成

在人工智能领域，文本生成是指利用人工智能模型自动生成自然语言文本的过程。其核心在于借助机器学习算法，尤其是深度学习模型，如 GPT-4、DeepSeek 等，在给定的输入或上下文基础上生成连贯、符合语法要求且语义合理的文本。这一过程不仅涉及语言的基本构造，还包含创意和情感的表达，使机器能够模拟人类的写作风格和思维方式。随着人工智能和自然语言处理等领域的发展，文本生成技术已成为人工智能研究和应用的热点之一。

文本生成的内涵包括以下几个方面。

（1）自然语言处理。文本生成是 NLP 的一个重要应用，涉及理解和生成人类语言。

（2）上下文理解。模型需要理解输入的上下文，以便生成相关性高的文本。这通常涉及对输入文本的语义分析和情境理解。

（3）语法和语义正确性。生成的文本在语法上要正确，在语义上应合理且有意义。

（4）创意和多样性。优秀的文本生成系统能够创造性地生成多样化的文本，而不仅仅是简单的模板化回复。

（5）定制化和个性化。根据用户需求生成特定风格或内容的文本，以满足不同应用场景的需要。

文本生成技术的发展可以追溯到 20 世纪的机器翻译领域，当时研究人员开始尝试使用规则和概率模型来生成翻译结果。统计机器翻译模型和神经机器翻译模型的出现标志着文本生成技术取得了重大突破。近年来，DeepSeek 等新型模型的发展，进一步推动了文本生成技术在准确性和多样性方面的提升。文本生成技术被广泛应用于多个领域，包括自动写作、聊天机器人、内容创作、翻译、总结、问答系统等。随着技术的发展，文本生成的准确性以及和人类语言的相似度不断提高，带来了许多的创新应用和商业机会。

尽管文本生成的应用场景丰富多样，但从技术角度来看，可按照模型输入（提示词）的详尽程度及 AI 大模型所产生内容的数量，大致划分为四个范畴，如图 2-1 所示，它们共同构成了文本生成的多样化应用场景。

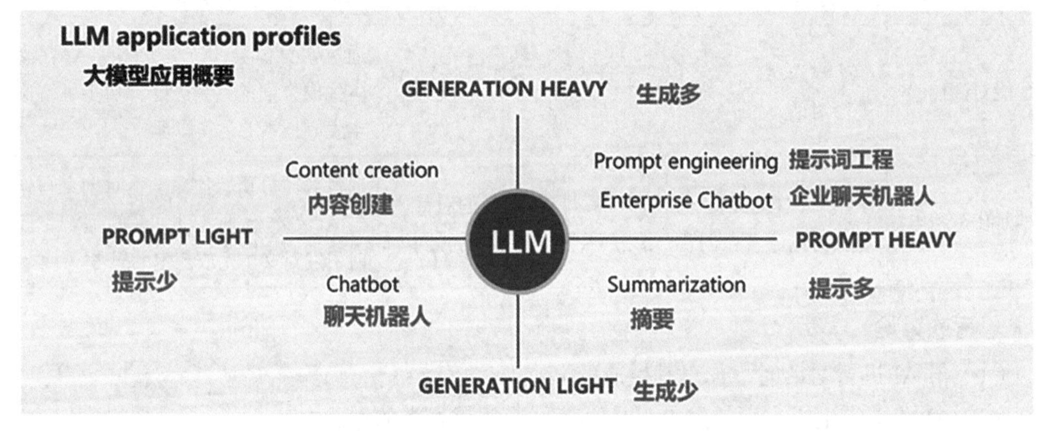

图 2-1 按照提示词和生成内容划分的多种应用模式

文本生成的意义在于能够为人类提供更高效、更准确、更灵活的自然语言交互方式，为智能客服、智能问答、聊天机器人等提供更加智能的解决方案。

2.1.2 文本生成技术的基本原理

文本生成技术主要基于深度学习模型，特别是依赖于先进神经网络技术在自然语言处理领域的应用。这些神经网络模型能够捕捉复杂且微妙的语言模式，有效处理文本上下文信息及长短期依赖关系。在当前机器学习与深度学习领域，神经网络凭借其在生成高质量、相关性强的文本内容方面的显著优势，成为推动文本生成技术发展的主流方法。

文本生成技术由以下几个关键部分组成。

（1）输入处理模块。负责接收并处理原始输入数据，这些数据可以是文本、图像、语音或其他形式的信息，具体取决于文本生成任务的需求。输入数据预处理主要包括分词、去停用词、词干提取、词向量化等操作，以便后续模型处理。

（2）编码 / 理解模块。通过深度学习模型，如循环神经网络、长短期记忆网络（LSTM）、门控循环单元（GRU）、Transformer 模型架构等，对输入数据进行编码，提取关键信息并构建内部表示。这一步骤涉及对输入数据的语义理解和上下文信息捕捉。

（3）生成 / 解码模块。基于编码模块提供的内部表示，生成模块负责逐步构建并输出目标文本。该模块可能采用自回归模型（如 GPT 系列）、非自回归模型或其他生成策略，以生成连贯、有意义的文本。在文本生成过程中，可能需要考虑语言模型的概率分布、上下文一致性、语法正确性等因素。

（4）后处理模块。对生成的文本进行进一步处理，如去除重复内容，调整文本长度，优化语言流畅性，等等。这一步骤旨在提升生成文本的质量和可读性。

（5）反馈与优化模块。根据用户反馈或自动评估指标，如 BLEU、ROUGE、METEOR 等，对生成模型进行微调或优化。反馈机制可以确保模型持续学习并改进其文本生成能力。

（6）输出模块。将最终生成的文本以适当格式输出给用户或存储到指定位置。输出格式可能包括纯文本、超文本标记语言（HTML）、Markdown（一种轻量级标记语言）等，具体取决于文本应用场景。

不同文本生成任务，如机器翻译、文本摘要、对话生成等，在结构细节上有所差异，但以上基本结构为大多数文本生成系统提供了通用框架。

关于文本生成，存在多种视角与理解。文本生成主要依托深度学习模型，通过分析大量已有文本数据，掌握语言的语法结构、语义内涵以及上下文之间的复杂关联，从而生成高质量文本。另一种观点则将其视为一种基于上下文的文本补全过程。在此需明确以下两点。

第一，人工智能在文本补全的基础上实现了显著的创新与超越，而非简单地进行预先存储答案的搜索与匹配。人工智能通过学习并理解语言的深层规律，生成具有创造性、多样性的文本，这是传统搜索方法所无法比拟的。

第二，为了生成符合特定要求的高质量文本，合理且有效的提示词设计至关重要。向大模型提供全面、精确且富有启发性的提示词，能够极大地提升人工智能生成文本的质量。

常用的文本生成方法有以下几种。

1. 基于模板的文本生成方法

基于模板的文本生成是一种基础的文本生成方法，通过设定好的模板结构以及填充词语或句子的方式，生成一些语义完整的文本。这种方法适用于那些语义结构比较固定、样本量比较大的特定场景下的文本生成任务，如生成简历、证明材料、合同等。

基于模板的文本生成的具体实现方法是，先制定好模板，然后把文本生成任务转化为填充模板中的空缺部分。在填充时，可以根据预先设定的规则和要求，选择合适的单词或句子进行填充。为了保证填充后文本的语义合理、可读性高，可以对模板进行调整和优化，比如设置合适的语法规则和词汇表，限制填充词语的范围，等等。

基于模板的文本生成方法比较简单，但应用场景有限。实际应用中，文本生成任务往往比较复杂，需要综合考虑语义和上下文信息。因此，现在更多的文本生成任务采用基于机器学习的方法，如生成式模型和判别式模型等。

2. 基于语法的文本生成方法

基于语法的文本生成方法是一种依赖规则和语言学知识的文本生成方法。其基本思想是通过语法规则生成符合语法规则的句子或文本。这种方法源于计算机科学中的编译原理和自然语言处理中的语言学理论，如上下文无关文法、句法树等。相比基于模板的文本生成方法，基于语法的文本生成方法更加灵活，可以生成更加自然的文本。

在具体实现中，首先需要定义语法规则，如上下文无关文法。这种文法定义了一组产生式规则，每个规则包含一个非终结符和一个由终结符和非终结符组成的符号串，从句子的起始符号开始，通过应用产生式规则，逐步生成符合语法规则的句子。

基于语法的文本生成方法的优点是可以生成符合语法规则的自然文本，应用比较灵活，可以通过扩展语法规则实现多样化的输出。其缺点是需要手动编写语法规则，并且难以处理复杂的语言现象，如语义和语用等。

3. 基于知识库的文本生成方法

基于知识库的文本生成方法利用先验知识库或本体知识库来生成文本。这种方法主要是通过抽取和组合知识库中的信息，生成自然语言文本。

本体知识库是一个关于特定领域的概念体系，包含专业术语、实体、属性及其关系，通常以 OWL（网络本体语言）或 RDF（资源描述框架）等格式表示。在文本生成中，将本体知识库中的概念和关系与语言模型相结合，可生成符合语义和语法规则的文本。

举例来说，假设有一个旅游领域的本体知识库，其中包含了各个城市的景点、餐馆、酒店等信息以及它们之间的关系。通过对这些信息进行抽取和组合，就可以生成如下文本：“在巴黎游玩时，一定不能错过埃菲尔铁塔和罗浮宫博物馆，同时可以在拉丁区的餐馆品尝到正宗的法国菜，入住埃菲尔铁塔附近的酒店也是不错的选择。”基于知识库的文本生成方法能够保证生成的文本符合事实和逻辑规则，但需要事先构建完整的知识库，且其文本效果取决于领域和知识库的覆盖范围。

2.1.3 文本生成的典型应用场景

文本生成技术在多个领域展现出广泛的应用潜力，通过自动生成自然语言文本，提升了文本编辑效率和用户体验。表 2-2 中列出了文本生成的典型应用场景。

表 2-2 文本生成的典型应用场景

应用场景	分　析
	聊天机器人对话： 自然语言对话系统（问答系统）是文本生成的重要应用领域之一，它是一种能够与人类进行自然语言交互的系统，也称“聊天机器人”（Chatbot）。它可以自动生成用于客户服务和支持的对话内容。比如，智能客服是一种基于自然语言处理技术的客户服务应用，可以通过语言模型生成自然的、准确的回答，帮助客户解决各种问题

续表

应用场景	分　析
	语言翻译： 文本生成可用于在不同语言间实现文本的自动翻译，根据用户需求生成准确、流畅的翻译内容。通过文本生成实现多语言间的自动翻译，对于跨语言沟通和全球化信息传播至关重要
	博客帖子和文章： 文本生成可用于自动生成面向网站和博客的文章，根据读者兴趣和阅读偏好自动生成独特且引人入胜的内容
	新闻文章： 文本生成可用于为报纸、杂志和其他媒体自动生成新闻文章
	社交媒体发帖： 文本生成可用于为 脸书（Facebook）、推特（Twitter）等平台自动生成吸引人且有价值的社交媒体帖子
	产品描述： 文本生成可用于为电子商务网站和在线市场自动生成详尽、准确的产品描述
	创意写作： 借助强大的人工智能模型为作者自动生成独特的创意写作提示
	文本摘要： 文本生成通过先进的自然语言处理和机器学习算法，将冗长的文件压缩成简洁的版本，并保留关键信息。这项技术使人们能够快速理解从新闻文章到学术研究等的广泛内容，提高信息获取效率。这一技术在信息检索、新闻摘要、科技论文摘要、电子商务评论摘要中有着广泛的应用
	虚拟助理互动： 文本生成可用于自动生成虚拟助理交互内容，以实现家庭自动化和个人协助。这些系统可根据读者的兴趣和偏好自动生成个性化的交互内容
	讲故事和叙事生成： 文本生成可自动生成用于娱乐与教育的故事和叙述。这些系统能够根据读者的兴趣和偏好生成独特且引人入胜的故事

现在，我们来了解一下文本生成技术的一些典型应用场景。

1．聊天机器人

人机对话是文本生成常见的应用场景，在对话过程中，实现 AIGC 的应用价值，为人们的生活、工作和学习服务。比如，我们可以使用 ChatGPT 做技术顾问，通过交互对话，请它对大模型做解释定义，如图 2-2 所示。

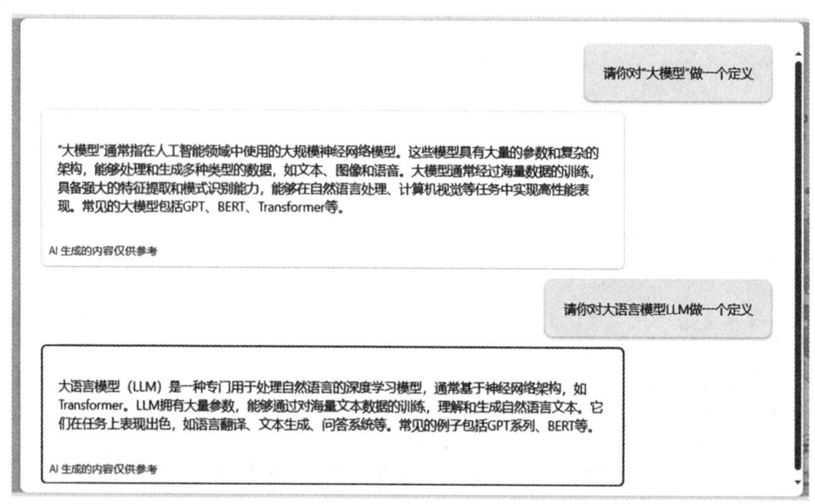

图 2-2　基于 OpenAI 的 ChatGPT 生成的问答

在计算机应用的发展过程中，人机交互经历了以下几个发展阶段。

（1）第一阶段：从早期的命令行方式（如 DOS、Linux）发展到图形操作界面（GUI）。用户通过鼠标等定位设备实现计算机操作。

（2）第二阶段：随着互联网的发展，基于 Web 浏览器的应用无须安装程序即可直接访问，移动互联网设备的普及使用户可以通过触摸操作实现更便捷的交互，无须依赖鼠标。

（3）第二阶段（当前阶段）：对话式人工智能。作为基于人工智能的新型交互方式，对话式人工智能综合运用多种技术，使人机交互更加接近真人对话，提供了更高效、自然的交互体验。

如图 2-3 所示，使用智谱 AI 发布的 GLM-4 开源大模型在 Open-WebUI 环境下聊天，可见大模型生成的文本在推理方面的能力。

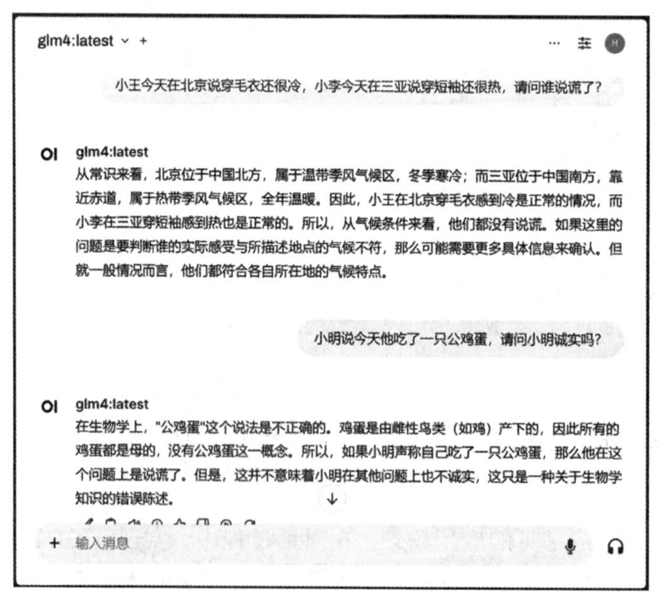

图 2-3　使用智谱 AI 的 GLM-4 开源大模型聊天

根据生成文本的篇幅，AIGC 内容生成主要分为内容创作和摘要生成两大类。

内容创作是根据需求创造性地生成文本内容。例如，在文学创作中，文本生成技术可辅助作家创作小说、诗歌等作品，为其提供灵感或生成初稿。在新闻报道领域，自动化新闻生成系统能快速生成体育赛事、金融市场等数据驱动型内容。此外，人工智能还可以用于教学辅助，根据课程大纲生成教学材料和练习题，支持个性化学习。图 2-4 所示为使用“通义千问”开源大模型生成的试题。

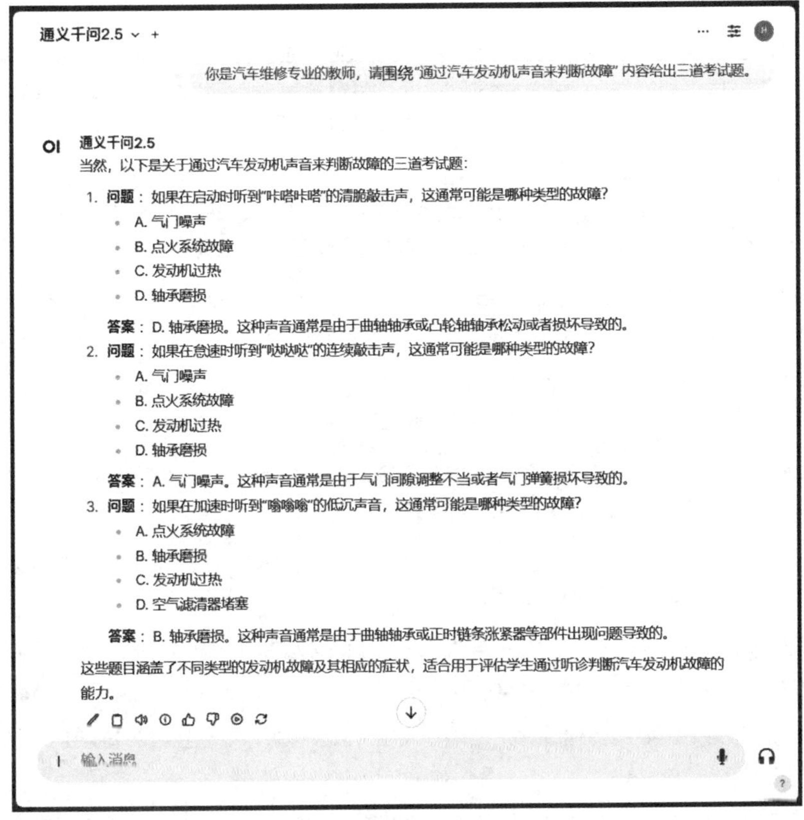

图 2-4　根据提示词要求生成需要的专业试题

此外，AIGC 技术还能有效辅助学生进行职业规划。图 2-5、图 2-6 展示了推理模型根据特定提示词生成职业规划建议实例。用户只需向其明确需求，AI 系统便会深入思考并提供相应反馈。需要注意的是，AI 生成的内容在使用前必须经过人工审核，因为 AI 虽功能强大，但有时会产生“偏差”或“幻觉”，即生成内容与用户实际需求存在差异或不符。

摘要生成是指利用人工智能技术自动生成文本的简要概述。它通过分析长篇文档或文章内容，提取关键信息并压缩成简短的总结。这一过程通常借助自然语言处理技术，尤其是基于 Transformer 模型架构的预训练模型，来理解上下文和识别重要信息点。摘要生成广泛应用于新闻摘要、报告总结和学术文献概括等场景，帮助用户快速获取核心内容，提高信息处理效率（见图 2-7）。

你是在青岛的一名刚毕业的中专生，学习了很多手机维修知识，现在想要开一个手机维修点，通过网上做宣传，请规划一下如何宣传。

已深度思考（用时 33 秒）^

好的，用户是一个刚毕业的中专生，在青岛学了很多手机维修知识，现在想开一个手机维修点，并且想通过网上宣传。我需要帮他规划宣传策略。首先，我得考虑他的背景，刚毕业可能资金有限，所以宣传方法要低成本甚至免费为主。青岛是个大城市，竞争可能激烈，所以需要差异化，比如突出他的技术或服务优势。

然后，目标客户是谁？可能是有手机问题的普通消费者，还有可能是企业客户，比如附近的小公司需要维修服务。线上宣传的话，社交媒体肯定重要，比如微信、抖音、快手这些平台，他可以在上面发维修视频，展示技术，吸引同城用户。需要教他如何制作内容，比如故障排查、维修过程，或者手机保养技巧，这样既展示专业又提供价值。

本地生活平台也不能忽视，比如大众点评、美团，注册店铺，提供优惠活动，比如首次维修折扣，或者免费贴膜。这些平台的好评很重要，所以要提醒他鼓励客户留下好评，回复评价，建立口碑。

线上社区和论坛，比如青岛本地的贴吧、豆瓣小组、微信群，可以发广告，但要注意不要被当作垃圾信息，可能需要更软性的推广，比如回答问题，提供建议，然后自然介绍自己的服务。

短视频平台的话，可以拍一些维修前后的对比，或者常见问题解决，加上热门标签，比如青岛手机维修，增加曝光。直播维修过程可能也不错，实时互动，解答问题，增加信任感。

线上合作，可能和附近的手机店、数码店合作，互相推荐客户，或者和外卖跑腿合作，提供上门服务。异业合作，比如咖啡店放宣传单，消费满送贴膜服务，这样互相引流。

线上广告方面，微信朋友圈广告可以定向青岛用户，预算不高的话可能每天几十元。SEO优化，做一个简单的网站或博客，优化关键词，比如"青岛手机维修快速上门，提高搜索排名。

客户维护方面，用微信建群，提供售后咨询，定期发优惠信息，维护老客户。可能还需要一个预约系统，方便客户下单，提升体验。

可能还需要考虑启动资金，比如制作宣传材料、线上广告的预算，时间安排，比如前三个月重点搭建平台，之后持续运营。风险方面，比如竞争激烈，要突出服务特色，或者宣传效果不佳，需要及时调整内容。

另外，用户可能没有太多营销经验，所以步骤要具体，比如如何注册大众点评，如何制作短视频，如何做直播，可能需要更详细的指导。还要考虑青岛本地的特点，比如哪些区域人流大，目标客户集中在哪里，是否需要上门服务，或者定点维修。

总之，需要把线上宣传拆解成几个部分，每个平台的具体操作，内容制作的方向，合作方式，客户维护方法，以及预算和时间规划，帮助他一步步实施，同时提醒可能的挑战和应对策略。

图 2-5 DeepSeek 大模型根据提示词要求，开启深度思考

青岛中专生手机维修店线上宣传规划

一、线上基础搭建（1周内完成）

1. **注册平台**
   - **短视频**：抖音、快手（账号名：青岛XX手机快修，主页注明地址/电话）。
   - **本地生活**：开通美团/大众点评，上传店铺照片，设置"9.9元贴膜"引流套餐。
   - **私域**：微信（朋友圈每日更新维修案例+价格，建1个客户群）。
2. **内容素材准备**
   - **拍3类视频**：
     - ① 维修过程（如"iPhone换屏实录"，加速播放配字幕）。
     - ② 避坑科普（如"教你识别翻新电池"，用手机支架自拍口播）。
     - ③ 客户好评（拍顾客拿修好手机微笑镜头+价格字幕）。
   - **设计宣传图**：用"创客贴"App制作活动海报（开业优惠、学生折扣）。

二、精准本地推广（持续执行）

1. **学生群体**
   - 联系青岛酒店管理学院/职校学生会，提供"免费贴膜进校园"活动，现场拉学生入群。
   - 学生推荐同学维修，奖励10元红包（需提供付款截图）。
2. **社区&商圈**
   - **合作店铺**：与周边奶茶店、便利店谈合作，放宣传单页（扫码领5元券）。
   - **地推话术**："您好，新店开业换屏7折，扫码预约不用排队！"（在小区门口发单页）。
3. **平台运营**
   - **抖音/快手**：
     - 发视频时加定位（如市南区××路），标题带"青岛手机维修"。
     - 评论区主动回复："私信预约免排队哦~"。
   - **美团**：
     - 每天私信5个"手机维修"关键词的潜在客户，发优惠券。

三、促销与留客（灵活调整）

1. **开业活动**
   - 首周：屏幕维修立减50元（原价写明市场价对比，如"市场价300元，新客仅250元"）。
   - 到店客户：送一张"下次维修8折卡"（写上有效期）。
2. **裂变拉新**
   - 老客带新客：双方各得20元现金券（可直接抵维修费）。
   - 社群福利：每周发1次红包，手气最佳者免费贴膜。
3. **口碑维护**
   - 维修后当场请客户写大众点评好评，送手机支架。
   - 差评处理：立刻电话联系，道歉并免费返修+送礼品。

四、执行要点 & 预算

- **每日必做**：抖音/快手上传1条视频，朋友圈发2条案例，社群发1条实用技巧（如"手机省电小妙招"）。
- **预算分配**：
  - 抖音推广：300元/月（投本地同城流量）。
  - 赠品：200元（数据线、手机支架，拼多多批发）。
  - 传单打印：100元（500张，A5尺寸）。

图 2-6　DeepSeek 大模型深度思考后的结果

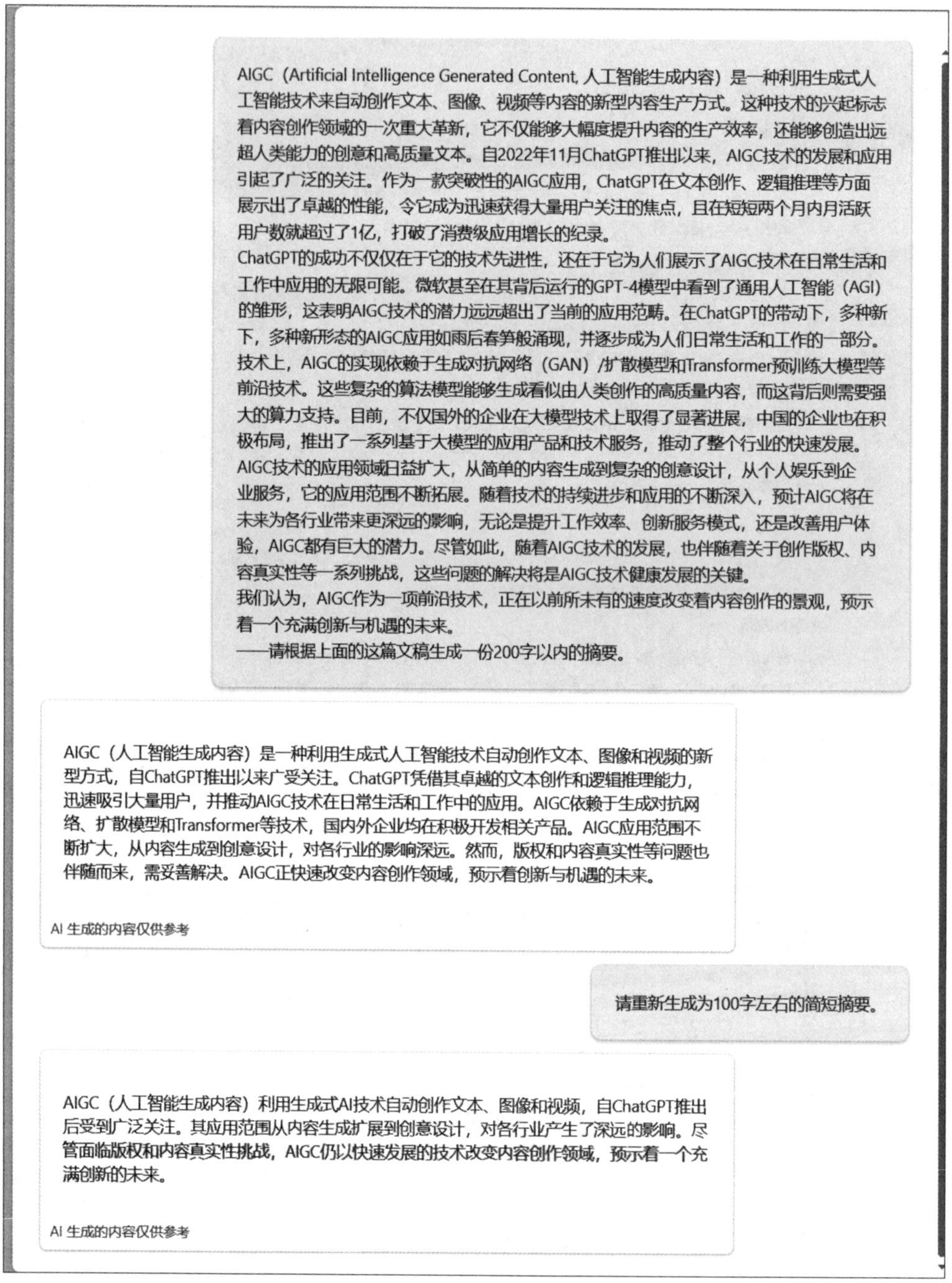

AIGC（Artificial Intelligence Generated Content, 人工智能生成内容）是一种利用生成式人工智能技术来自动创作文本、图像、视频等内容的新型内容生产方式。这种技术的兴起标志着内容创作领域的一次重大革新，它不仅能够大幅度提升内容的生产效率，还能够创造出远超人类能力的创意和高质量文本。自2022年11月ChatGPT推出以来，AIGC技术的发展和应用引起了广泛的关注。作为一款突破性的AIGC应用，ChatGPT在文本创作、逻辑推理等方面展示出了卓越的性能，令它成为迅速获得大量用户关注的焦点，且在短短两个月内月活跃用户数就超过了1亿，打破了消费级应用增长的纪录。
ChatGPT的成功不仅仅在于它的技术先进性，还在于它为人们展示了AIGC技术在日常生活和工作中应用的无限可能。微软甚至在其背后运行的GPT-4模型中看到了通用人工智能（AGI）的雏形，这表明AIGC技术的潜力远远超出了当前的应用范畴。在ChatGPT的带动下，多种新下，多种新形态的AIGC应用如雨后春笋般涌现，并逐步成为人们日常生活和工作的一部分。
技术上，AIGC的实现依赖于生成对抗网络（GAN）/扩散模型和Transformer预训练大模型等前沿技术。这些复杂的算法模型能够生成看似由人类创作的高质量内容，而这背后则需要强大的算力支持。目前，不仅国外的企业在大模型技术上取得了显著进展，中国的企业也在积极布局，推出了一系列基于大模型的应用产品和技术服务，推动了整个行业的快速发展。
AIGC技术的应用领域日益扩大，从简单的内容生成到复杂的创意设计，从个人娱乐到企业服务，它的应用范围不断拓展。随着技术的持续进步和应用的不断深入，预计AIGC将在未来为各行业带来更深远的影响，无论是提升工作效率、创新服务模式，还是改善用户体验，AIGC都有巨大的潜力。尽管如此，随着AIGC技术的发展，也伴随着关于创作版权、内容真实性等一系列挑战，这些问题的解决将是AIGC技术健康发展的关键。
我们认为，AIGC作为一项前沿技术，正在以前所未有的速度改变着内容创作的景观，预示着一个充满创新与机遇的未来。
——请根据上面的这篇文稿生成一份200字以内的摘要。

AIGC（人工智能生成内容）是一种利用生成式人工智能技术自动创作文本、图像和视频的新型方式，自ChatGPT推出以来广受关注。ChatGPT凭借其卓越的文本创作和逻辑推理能力，迅速吸引大量用户，并推动AIGC技术在日常生活和工作中的应用。AIGC依赖于生成对抗网络、扩散模型和Transformer等技术，国内外企业均在积极开发相关产品。AIGC应用范围不断扩大，从内容生成到创意设计，对各行业的影响深远。然而，版权和内容真实性等问题也伴随而来，需妥善解决。AIGC正快速改变内容创作领域，预示着创新与机遇的未来。

AI 生成的内容仅供参考

请重新生成为100字左右的简短摘要。

AIGC（人工智能生成内容）利用生成式AI技术自动创作文本、图像和视频，自ChatGPT推出后受到广泛关注。其应用范围从内容生成扩展到创意设计，对各行业产生了深远的影响。尽管面临版权和内容真实性挑战，AIGC仍以快速发展的技术改变内容创作领域，预示着一个充满创新的未来。

AI 生成的内容仅供参考

图 2-7　根据提示词要求生成文章摘要

2．翻译工具

文本生成技术在机器翻译中具有重要应用价值，可自动化翻译大量文本，并为翻译者提供参考。例如，可通过提示词让 AIGC 完成古文的多语言翻译，如图 2-8 所示。提示词的质量决定了 AIGC 生成内容的质量。在特殊文本格式的翻译场景中，使用恰当的提示词能显著提升翻译质量。

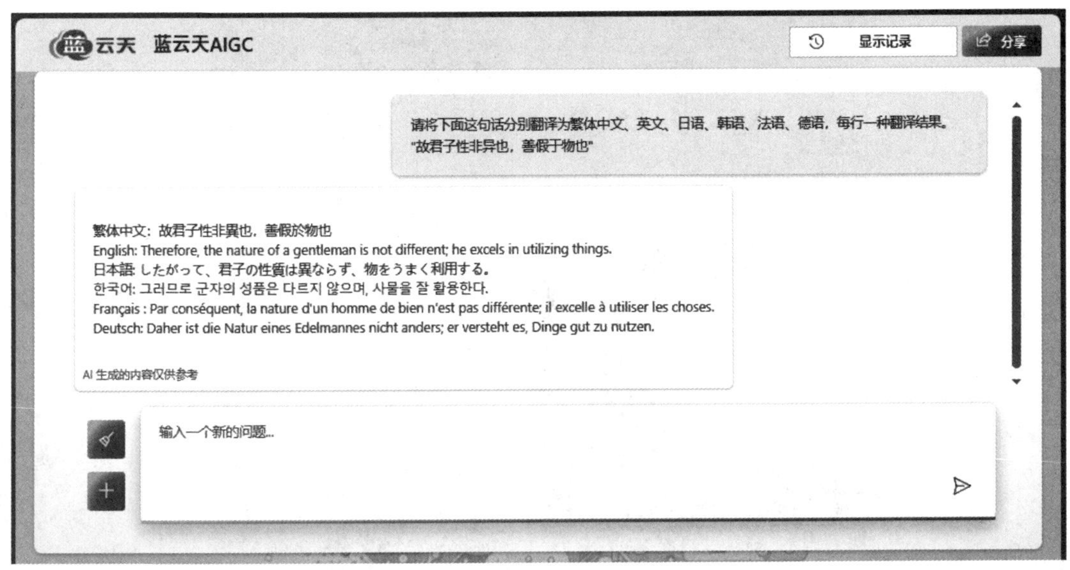

图 2-8　根据提示词要求让 AIGC 系统完成多语言古文翻译

除 AIGC 支持多语言翻译外，目前许多在线专业翻译服务网站也提供了相关功能，如百度翻译，如图 2-9 所示。

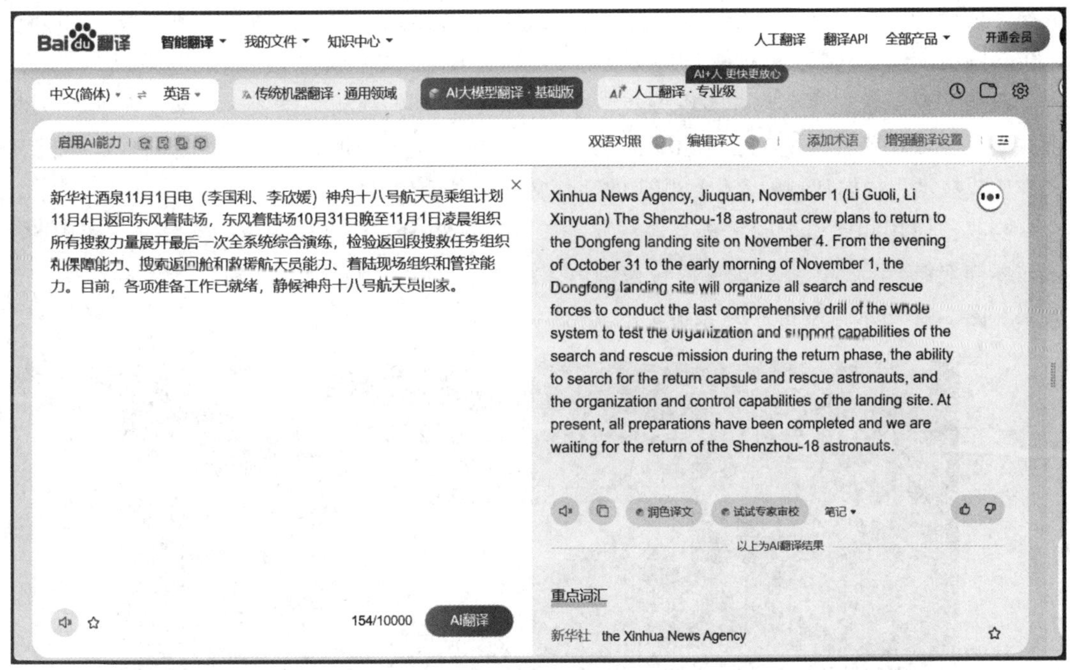

图 2-9　利用百度翻译功能将文本翻译为指定语种

因为翻译是语言交流中的重要需求，如今常见浏览器已具备多语言翻译功能，能够翻译选定文字或整个网站的内容。图 2-10 所示为在统信 UOS 操作系统下，利用 Edge 浏览器对选定文字进行翻译的效果。

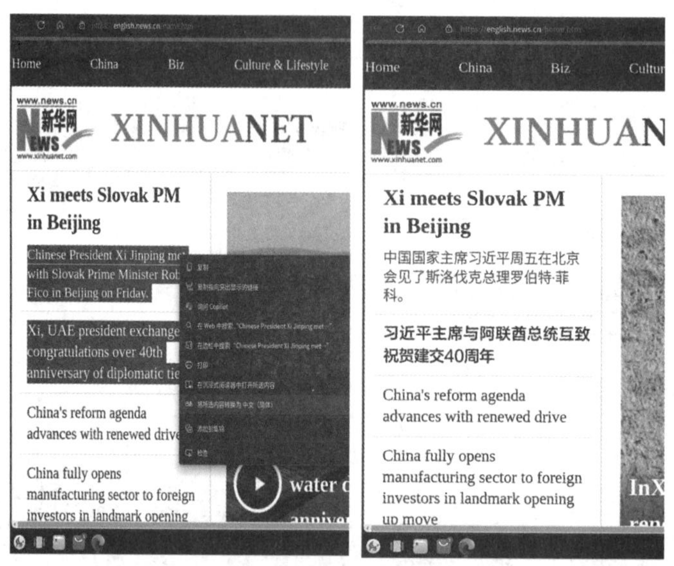

图 2-10　利用 Edge 浏览器直接翻译选定文字或整个网页文字

3．生成实时字幕

视频字幕生成是一种将视频语音信息转换为文本并显示在视频下方的技术，属于文本生成技术的应用范畴。该技术被广泛应用于教育、广告和娱乐等领域，如在线视频教程、电视广告、网络广告、电影、电视剧及短视频等，能够提升用户体验，增强信息传达效果。

视频字幕生成主要有两种实现方式，即基于语音识别的视频字幕生成和基于文本生成的视频字幕生成。前者将视频中的语音信息转换为文本并显示于视频下方；后者则是直接利用文本生成技术，根据视频内容生成相应的字幕文本并显示在视频下方。

与其他应用相比，视频字幕生成需要准确理解视频内容并生成相应的字幕文本。因此，该技术需要结合自然语言处理、语音识别等多种技术，以实现高效、准确、自然的字幕生成效果。图 2-11 所示为 Windows 系统下的实时字幕效果。

图 2-11　Windows 11 内置的实时字幕功能

4．开发软件（生成代码）

内容创作的另一个重要应用是计算机软件开发。AI 编程助手在软件开发中发挥着重要的作用，通过智能代码解释、代码补全、代码审查、知识共享和学习等功能，显著提升软件开发效率和代码质量，为开发者提供了更加高效、智能、便捷的编程体验。2024 年，百度公司 80% 的开发场景已由 AI 协助完成，谷歌也透露内部超过 25% 的新代码是由 AI 生成的。对于初学者来说，AI 助手不仅能助力计算机语言学习，还能极大地提升学习效率，降低学习难度。常见的 AI 编程产品包括豆包 MarsCode、通义灵码、百度文心快码、清华和智谱 AI 联合打造的 CodeGeeX 等。

AI 辅助开发使没有任何代码开发经验的初学者可以通过自然语言生成高质量代码，或借助 AI 进行代码检查或代码优化，极大地降低了编程难度，成为未来软件开发的新趋势和学习程序设计的新途径。图 2-12 所示为在 Visual Studio Code 开源开发环境下由 AI 自动生成代码的效果。

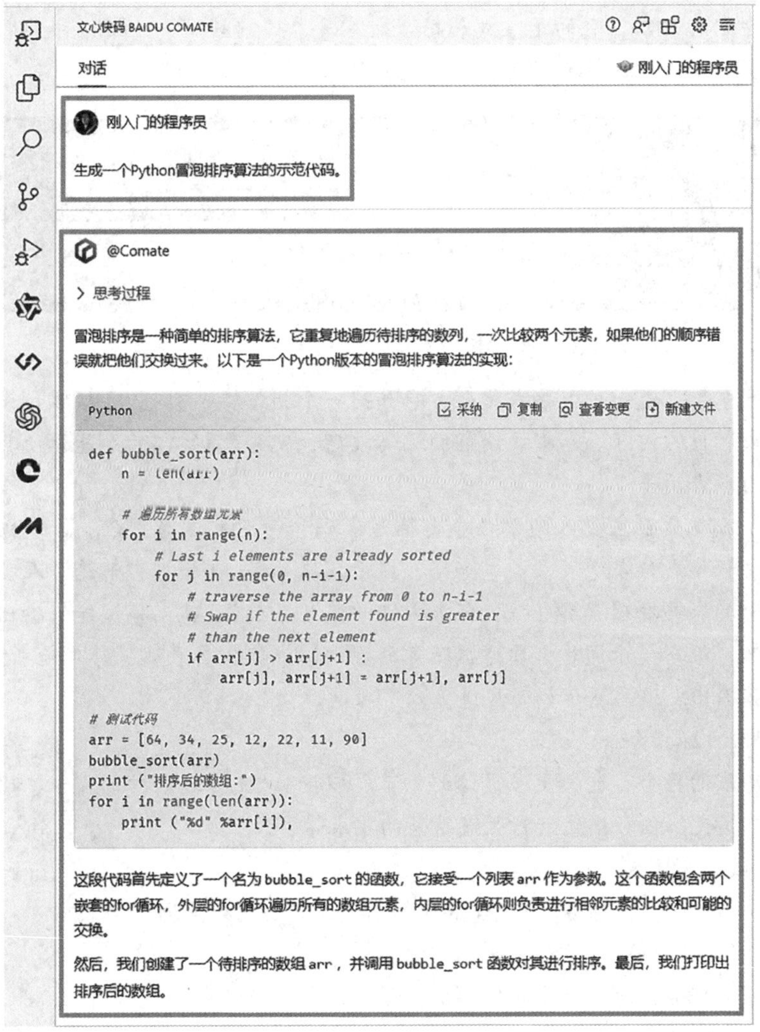

图 2-12　在 Visual Studio Code 中使用文心快码代码助手协助编程

随着技术的不断进步，文本生成模型将向更高生成质量和更强上下文理解能力方向发展。“自然语言成为新编程语言”的趋势以及GPT-1“推理计算扩展模型”的进展，都表明提示工程不仅是生成式人工智能使用中的新技能，更是贯穿人工智能训练到推理全栈工作流的模型迭代理论来源。

尽管文本生成技术在多个领域展现出强大潜能，但其发展也面临诸多挑战，如生成内容的准确性、伦理问题、用户隐私保护，以及如何有效控制内容风格、避免偏见和误导信息等。未来，随着算法的持续优化和数据的不断丰富，文本生成技术将在更多实际应用中展现其潜力，推动人机协作达到新的高度，为各行业带来创新与变革。

视野拓展

提示词

在人工智能的应用场景中，提示词（文本提示）是关键元素。提示词是用户输入大语言模型中的文本，目的是生成最符合输入文本规则的下一个词语序列。这就类似于询问模型：“当我说‘提示’时，你会想到什么？”如图2-13所示。

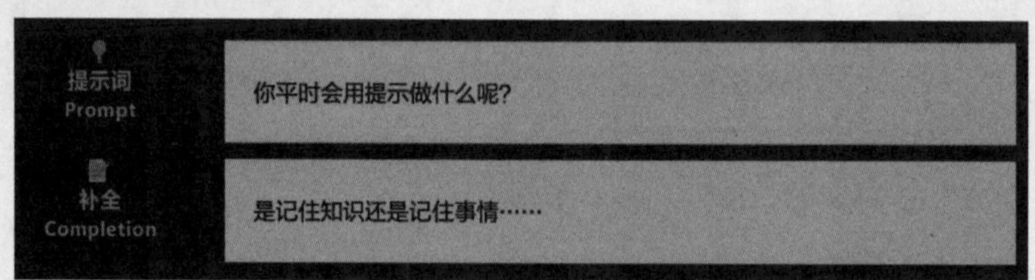

图 2-13 提示词示意图

提示词本质上是一种引导式指令，它如同一个指挥棒，引领AI按照预设路径分析问题并生成相应的内容。掌握提示词的编写技巧，充分发掘AI的潜能，使其成为解决各类问题的得力助手。

过去，人机交互主要依赖于程序员编写代码和管理员编写命令。计算机通过解析并执行这些程序或命令完成任务。如今，提示词赋予了AI模型“解读”人类自然语言的能力，使其能够准确理解并执行任务。因此，为了确保AI大模型能够输出符合我们期望的结果，编写提示词时需要遵循既定的规则，以优化其表述并精准地引导AI模型进行思考并输出。编写提示词时应遵循以下原则。

1）明确目标指令

给出清晰的指令，包含更多具体的细节，以使AI充分理解你的需求。比如，确定适当的工作角色、任务描述、对生成结果的要求等。

2）提供少量样本

提供简单示例，帮助AI快速理解你的意图，实现高效沟通。

3）分解复杂任务

对于复杂任务，我们可以把它拆解为多个简单的子任务，利用AI处理多轮对话的能力分步完成任务。

案例实训

智能校园小助手：基于文本生成技术的活动通知创作

项目背景

学校计划举办“校园科技创新节”，需快速生成活动通知、邀请函和新闻稿。传统撰写方式效率低，现要求通过文本生成技术辅助完成文案创作。

任务实施

根据表 2-3 所列任务，填写对应提示词。

表 2-3　任务实施表

任　务	要　求	提示词
任务一 生成校园活动通知	根据活动时间、地点、主题、参与对象等要素，生成一篇 100 字以内的简洁活动通知	
任务二 生成邀请函	以学校名义生成一封邀请校领导出席开幕式的正式邀请函，需包含称谓、活动意义、具体安排（时间、流程）、联系方式，语气应礼貌庄重	
任务三 生成新闻稿	生成一篇活动闭幕式的新闻稿，重点描述学生作品、嘉宾评价，结尾呼吁持续创新	

对比分析

讨论不同提示词对生成结果的影响（如细节丰富度、格式规范性）。

2.2　图像生成的魅力——从创意绘画到虚拟形象

随着人工智能技术的持续飞跃，图像生成技术已从单一的创意绘画辅助工具，广泛渗透到广告设计、影视制作及虚拟现实等多个领域。它极大地丰富了图像的视觉表现力，开启了全新的创作维度，同时带来了传统视觉艺术在生产模式上的深刻变革，成为推动数字媒体行业创新发展的强大动力。

探索发现

笔触之外——新时代画家的探索

在一个名为“创意无界”的未来艺术展览上，传统画家李明站在自己的作品前，满心期待地等待着观众的反馈。他的画作以细腻的笔触和丰富的色彩描绘了乡村的宁静与美好，每一笔都蕴含着他对自然深深的敬意和热爱。然而，展览的第二天，李明收到了一封匿名邮件，邮件里附满了风格与其画作相似又充满现代感和创新元素的画作，不仅数量众多，而且各具特色，仿佛是由一个不知疲倦、创意无限的“画家”在短时间内创作而成。

思考或讨论

这位神秘的“画家”究竟是谁？它是如何做到如此高效且多样化地创作的？这种变化对艺术创作和艺术市场可能产生什么影响？

知识准备

2.2.1 什么是图像生成

图像生成技术起源于计算机视觉和图像处理领域，主要是通过机器学习、深度学习等算法，从噪声或随机输入中创造出逼真的图像。图 2-14 所示为 AI 生成的毕加索风格的图像。

图 2-14 AI 生成的毕加索风格的图像

图像生成是指通过计算机算法自动创建图像的过程，涉及从简单的形状到复杂的艺术作品的生成。从早期的计算机图形学到现代的深度学习模型，图像生成技术不断演进，产生了多种基于不同生成算法的工具。

2.2.2 图像生成技术的核心原理

图像生成依赖于一系列复杂的算法和模型，其核心算法有以下几个。

1. 生成对抗网络

生成对抗网络是一种能“教会”计算机胜任人类工作的有趣算法。好的对手能让你更快地成长，而 GAN 就是“从竞争中学习”的技术，由蒙特利尔大学的 Ian Goodfellow 首次提出。GAN 通过“对抗”机制实现图像生成，在图像生成和风格迁移等领域取得了巨大成功，展示了无监督学习的巨大发展潜能。

图像生成任务对神经网络而言较为复杂。图像生成数据集里只有一些同类型的图片，却没有如何将其画得更好的指导信息。GAN 的想法是，既然不知道一幅图片好不好，就干脆再训练一个神经网络，用于辨别某图片是否和训练集里的图片长得一样。生成图像的神经网络叫作“生成器”（generator），鉴定图像的神经网络叫作“判别器”（discriminator）。生成器通过学习产生更逼近真实数据的新样本图像，判别器则负责区分生成图像与真实图像，两者相互对抗，共同进步，如图 2-15 所示。

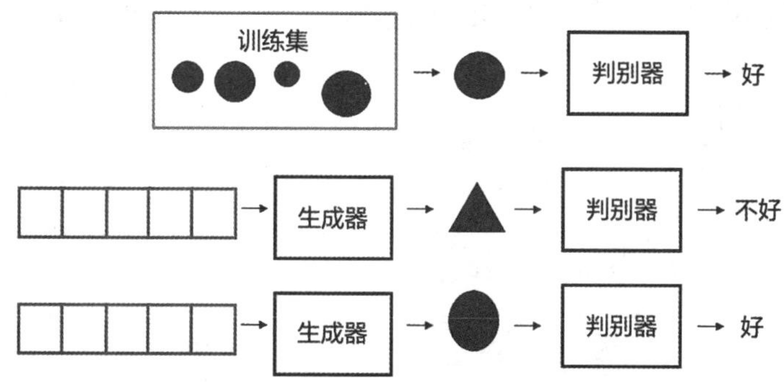

图 2-15　生成对抗网络的原理示意图

经过多轮训练，生成器逐渐生成逼近真实数据的图像，鉴别器则难以区分生成图像和真实图像。这种对抗机制类似于造假者与警察之间的博弈：生成器不断生成更逼真的图像，判别器则努力识别出这些生成图像。生成对抗网络的整个过程是自动完成的，仅受限于实际计算能力，因此 GAN 也可用来实现一些有趣的功能。

2. 变分自编码器

变分自编码器采用了逆向思维：既然用向量生成图像困难，那就同时学习如何用图像生成向量。通过将图像编码为向量，再用该向量生成图像，就可以得到一幅和原图一致的图像。每个向量的生成结果都有了标准答案，可借助优化方法指导网络训练。在 VAE 中，编码器将图像转化为低纬的表示，即编码向量，解码器则将编码向量转换为图像，通过将输入数据编码为潜在空间的表示，再由解码器将其重建为原始输入，实现图像生成，如图 2-16 所示。

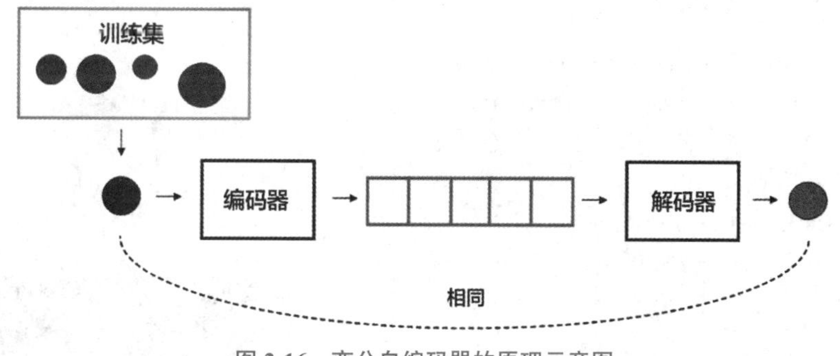

图 2-16　变分自编码器的原理示意图

3. 扩散模型

扩散模型（diffusion model）与 GAN、VAE 等经典算法不同，其核心思想是先对图像增加噪声，再逐步反向去噪还原图像，这一过程的关键在于如何高效去噪。扩散模型最终可以由随机噪声图像生成高质量的输出，如图 2-17 所示，它不仅能模仿生成现有图像，还可以进行“创作”。

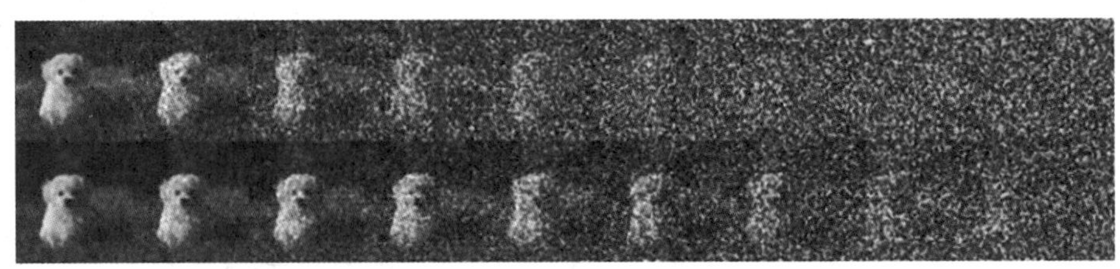

图 2-17　扩散模型原理示意图

近年来，扩散模型推动了生成式人工智能在文本到图像生成、文本到视频生成等领域的快速发展。其基本原理是一种特殊的采样机制，解决了以往难以克服的一些缺陷。作为一种先进的生成模型，扩散模型能够生成高分辨率的多样化图像。OpenAI、英伟达和谷歌等公司成功训练了大规模扩散模型，引起了广泛关注。典型的扩散模型架构包括 GLIDE、DALL・E、Imagen 和完全开源的 Stable Diffusion。

2.2.3　图像生成的多样化应用场景

目前，文生图工具和解决方案已广泛落地。国外有 MidJourney、Stable Diffusion、OpenAI 的 DALL・E 等，国内的百度、阿里云、智谱、抖音等也推出了优秀的同类产品，这些工具生成速度快，支持中文提示词，更适合国内用户使用，且在多种图像使用场景中表现出色。我们从不同应用领域中来看一下这些解决方案的表现。

1. 创意艺术

数字绘画是一种新兴的艺术形式，通过计算机、图形输入板和手写笔以及软件工具实现诸如水彩、油画等传统绘画效果。AI 的加入进一步拓展了艺术作品创作的可能性，能够生成风格独特的作品，而且绘图效率更高。在 AI 绘图软件中，输入合适的提示词即可生成符合要求的图像。图 2-18 为通过 MidJourney 软件和国产软件通义 App 创作的艺术作品的效果。

提 示 词	图　像
white background, photo of a pink and white cockatoo with red wings on its head, painted in the style of hyper realistic 白色背景，一张粉白色鹦鹉的照片，头部有红色翅膀，以超现实主义风格绘制 （制作工具：MidJourney）	
国画，山水，小桥，船，飞鸟，写意风格 （制作工具：通义 App，万相 2.0 极速创作模型，文生图生成方式，灵感模式开启）	

图 2-18　通过 AI 生成的绘画作品

2. 虚拟形象

AI 图像生成可以协助用户创建特定的虚拟形象，用于社交媒体和游戏，以增强用户体验。图 2-19 展示了使用中文提示词用不同工具生成的虚拟形象。

提 示 词	图　　像
一个可爱的女孩，大中国狮子帽，中国传统的红色背景，中国农历新年的气氛，快乐，中国新年，女孩的衣服都是红色的，柔和的电影灯光，辛烷渲染，C4D，OC 渲染，极端细节 （制作工具：ChatBox，使用 OpenAI DALL · E 3 生成）	
生成一个虚拟形象，直播小能手，能说会道，苗条，秀气，短发，年轻，轻松，有幽默感 （制作工具：豆包）	

图 2-19　文生图实例生成虚拟形象效果

3. 广告与营销

AI 绘图软件可以自动生成产品图像，支持个性化营销和产品展示；也可以进行品牌形象设计，辅助企业设计和优化品牌形象。图 2-20 所示为豆包 AI 制作的虚拟产品照片。

提 示 词	图　　像
帮我生成图片：有未来感的扶手椅，风格柔和圆润，大胆的配色方案，45° 角拍摄，奶油色背景，阳光，比例：4:3	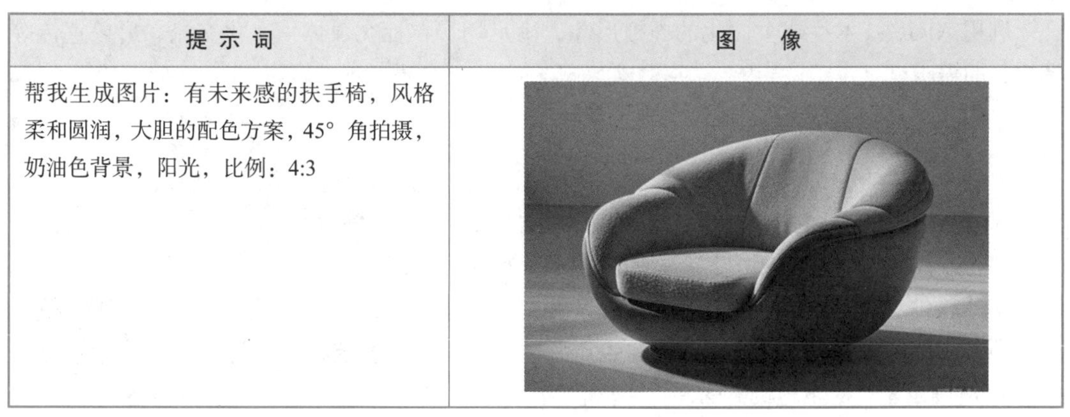

图 2-20　文生图实例生成产品效果图

4. 电影与游戏

文生图工具可用于影视特效制作，生成逼真的视觉效果，提升作品的观赏性，同时降低成本，提高效率，也可以用于自动生成多样化的游戏角色和场景。图 2-21 是一幅由 AI 生成的游戏角色照片。

图 2-21 使用文生图创作艺术作品

从上面的示例中不难发现，要想获得高质量的图像生成效果，需要准备合适的提示词，利用文生图工具完成图像的创建。有时为了使生成的图像更加准确，也可以采用图生图的方式。具体而言，以所提供的参考图像作为基础，通过提示词指导系统如何修改生成新的图像。图 2-22 所示为将经典意大利肉酱面的原图重新生成海鲜酱图像的效果。

图 2-22 图生图效果

案例实训

利用 AIGC 生成个性化虚拟形象

1. 项目概述

利用 AIGC 技术生成个性化的虚拟形象，满足用户在社交媒体、文化交流、形象宣传等场景下的需求。

2. 设计目标和实现步骤

要使用 AIGC 生成不同身份的个人虚拟形象，首先要选择合适的图像生成平台。

对于 AI 应用工具的形态为 PC 桌面版本的软件，需要下载程序；网页版本可以在线注册后使用，或使用移动 App 版本。不同的平台部署和使用的方式不同。

国外软件中，MidJourney 是商业产品，为用户提供打开即用的体验，更容易上手，但需要注册。Stable Diffusion 是免费的开源生态系统的软件，可安装在本地计算机中，用自己的 GPU 来渲染出图，对本地机器的硬件要求较高，如图 2-23 所示。该软件虽然安装麻烦，但可定制化程度更高，模型的代码和训练数据可供所有人访问，用户可以在此基础上构建并微调模型，以达到想要的效果。国内的豆包（见图 2-24）、通义等 AI 平台可通过下载 App 或以在线方式使用，更容易上手。用户可根据实际条件选择一个创作平台。

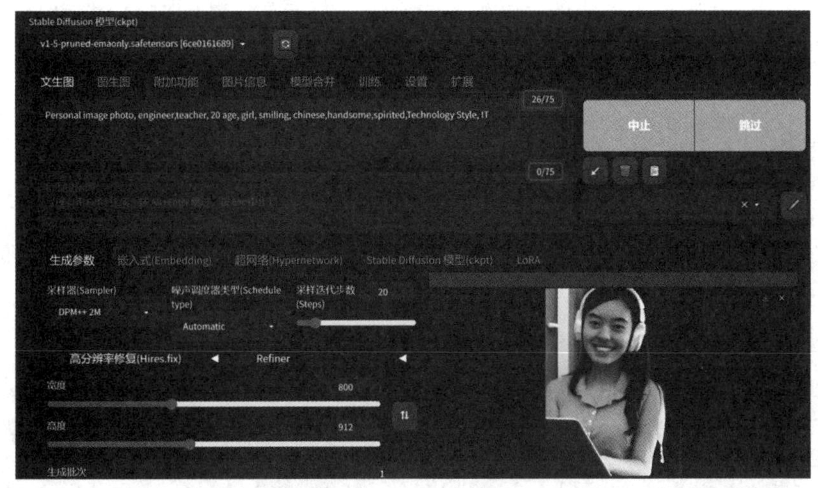

图 2-23　在浏览器环境下用 Stable Diffusion 软件生成图像

3. 数据准备和生成

无论是哪种图像生成平台，都要准备合适的提示词（参见 2.1“视野拓展”）和参照照片等素材。注意，国外的软件通常需要使用英文提示词，也可以借助 AIGC 的文本生成功能来生成英文提示词。

也可以准备已经存在的形象照片，提交系统后使用图生图的方式，结合适当的提示词（指定新的背景、场地，指定新的服装要求、表情要求等），完成个性化虚拟形象的创建，如图 2-25 所示。参考系统提供的不同模板可以快速生成更多风格各异的虚拟形象。

图 2-24　豆包软件通过提示词生成虚拟形象

图 2-25　提交形象照片生成新形象

4. 测试、优化与应用

根据生成图像的实际效果，结合不同的提示词进行调优，并对生成的图像进行保存和使用。在其他应用平台中使用生成的个性化虚拟形象，与同学们共同讨论个性化形象的生成操作技巧，提高 AIGC 操作水平。

视野拓展

图像生成技术的前沿应用

前面讨论了图像生成的三种流行技术方案。在技术演进方面，GAN 的扩展，如条件 GAN（cGAN），通过条件输入控制生成结果；混合模型方案则结合 VAE 和 GAN 的优点，提升图像生成能力。

扩展现实（Extended Reality, XR）是一个涵盖技术开发、内容创作和用户体验的跨学科领域，包括增强现实（AR）、虚拟现实（VR）、混合现实（MR），如图 2-26 所示。XR 将真实世界与虚拟世界结合，为用户提供沉浸式体验。

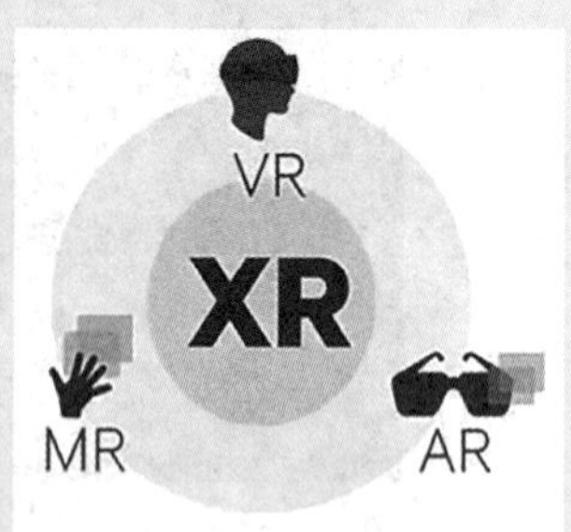

图 2-26 扩展现实（XR）

增强现实（augmented reality, AR）通过将计算机生成的虚拟物体或关于真实物体的非几何信息叠加到真实场景中，增强用户对真实世界的感知。例如，用户佩戴 AR 眼镜观察真实世界中的一家餐厅，眼镜即会实时显示这家餐厅的特点、菜品价格等信息。AIGC 生成的图像可以作为增强现实效果的一部分，为用户带来更丰富的交互体验。

虚拟现实（virtual reality, VR）利用计算机模拟生成一个三维空间的虚拟世界，为用户提供沉浸式的感官体验。用户仿佛身临其境，可以即时、无限制地观察三维空间内的事物。VR 最初应用于游戏和休闲娱乐领域，如今已拓展到教育、安全等多个行业和领域，AIGC 生成的图像是虚拟世界的重要组成部分。

混合现实（mixed reality, MR）将真实世界和虚拟物体结合，使用户既能感知现实环境，又能与虚拟物体互动。MR 技术将虚拟物体置于真实世界中，带给用户丰富的交互体验。AIGC 生成的图像可以参与真实与虚拟的互动，但在实时性、渲染效果、硬件限制等方面需做出改进。

随着图像生成技术的不断发展，AIGC 在各个领域的应用也越来越广泛。在艺术创作方面，图像生成技术可以为艺术家提供全新的创作灵感和手段；在环境模拟方面，图像生成技术可以生成逼真的虚拟场景和物体，增强 XR 体验；在建筑设计方面，图像生成技术可以优化设计流程，提升设计效率和用户体验；在游戏开发方面，图像生成技术有助于游戏场景和角色的自动生成；在数据增强方面，图像生成技术可以生成更多的训练数据来优化模型的性能；在医疗图像方面，图像生成技术能够帮助合成医学数据用于训练和诊断，减少对真实数据的依赖，提高医疗效率和准确性。未来，随着技术的进步，技术创新和跨领域应用的深入融合，应用场景的不断拓展，图像生成技术将在更多领域发挥重要作用。我们也需要关注其可能带来的伦理和隐私问题，并采取相应的解决措施。

2.3　语音生成的智慧——从语音合成到智能语音助手

伴随人工智能技术的飞速发展，语音生成技术已从最初的基础语音合成实现了飞跃式发展，并广泛嵌入各类智能语音助手之中，成为一项成熟的应用。这一技术革新不仅重塑了人机交互的传统模式，使交流更加自然流畅，还在无障碍沟通、智能家居体验优化以及移动设备功能增强等多个领域展现了前所未有的应用价值和广阔的发展前景。随着技术的持续进步，语音生成技术不断拓展其在多维度上的潜力，引领着智能时代的全新交互潮流。

探索发现

声动未来——语音生成技术创意创作大赛

目前，语音生成技术逐渐成为连接人与数字世界的桥梁，它不仅在教育、娱乐、无障碍沟通等领域展现出巨大的应用价值，也为创意产业的发展注入了新的活力。在此背景下，为了激发同学们对科技的兴趣，培养其创新思维和团队协作能力，我们特别策划了“声动未来——语音生成技术创意创作大赛”活动。

活动环节

环节一：创意构思

学生分组思考想要创作的对话、故事或广告词的主题和内容，主题可涵盖幽默、科幻、教育、公益等方向。

环节二：文本撰写

小组内部展开深入讨论，共同确定最具创意和吸引力的创作内容，并精心撰写文本脚本。

环节三：语音生成

小组组长将精心准备的文本导入语音生成软件（可自选），尝试通过使用语音包以及调整语速、语调、音量等参数，寻找与文本内容最契合的语音表现方式。

环节四：优化调整

录音完成后，小组成员共同聆听录音效果，结合各自的感受提出反馈。小组基于团队意见对语音表现进行调整与优化，直至达到最佳效果。

思考或讨论

（1）思考语音生成技术是如何实现的。

（2）阐明语音生成技术在创意创作中的潜力和应用前景。

知识准备

2.3.1　什么是语音生成

语音生成是一种通过机械或电子手段产生人造语音的技术。它能够将计算机自身生成或外部输入的文字信息转化为人们听得懂的、流利的口语输出。通俗地讲，语音生成技术赋予了计算机像人一样自如说话的能力，能够在任意时刻将文本转换成高自然度的语音，真正实现了让机器“像人一样开口说话”。

1939 年，贝尔实验室的 H. 杜德利（H.Dudley）基于共振峰原理制作了历史上第一台电子语音合成器；1960 年，瑞典语言学家 G.Fant 提出用线性预测编码（LPC）作为语音合成分析技术，推动了语音合成的发展；1980 年，D. 克拉特（D.Klatt）设计出串 / 并联混合型共振峰合成器，可以模拟不同的嗓音；20 世纪 90 年代，随着计算能力和存储能力的大幅提升，基于大语料库的单元挑选与波形拼接合成方法出现，可以合成高质量的自然人语音。语音生成的发展阶段如图 2-27 所示。

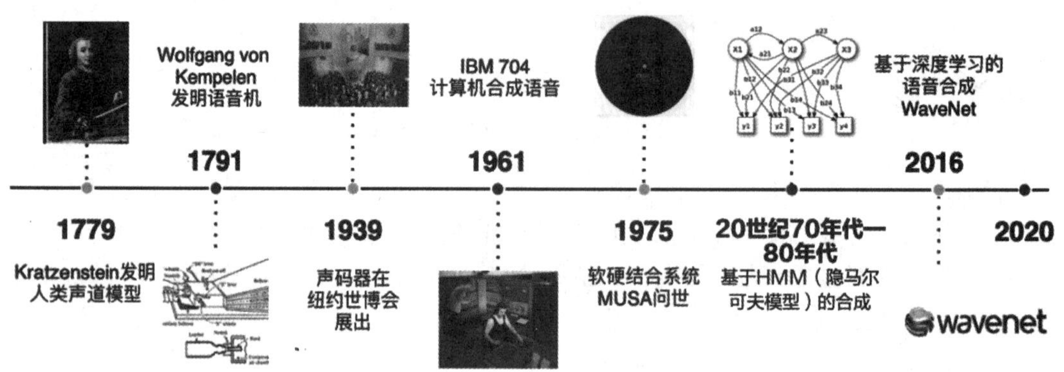

图 2-27 语音生成的历史发展进程

语音生成技术是人工智能的重要组成部分，最常见的实现形式是语音合成技术（text to speech, TTS，又称“文语转换技术”）。TTS 技术通过将任意文字信息转化为自然流畅的语音，使机器能够以人类可理解的方式进行信息传递。TTS 技术的本质是将书面语言转化为口头表达，它关注语音的自然性和清晰度。TTS 技术能够显著提升人机交互的自然性，被广泛应用于教育、辅助技术和智能设备等领域。

2.3.2 语音生成技术的工作原理

语音生成技术的核心原理是将文本转化为人类可听的语音信号，涵盖文本分析、韵律建模和语音合成三个核心环节。

1. 文本分析

文本分析是语音合成的重要基础，通过对输入文本进行语言学分析，确定语音特征参数。文本分析包括对输入文本进行词汇、语法和语义的分析，以确定句子的底层结构和每个字的音素组成。具体任务包括断句、字词切分、多音字处理、数字转换和缩略语处理等。通过文本分析，计算机能够完全理解输入文本，并为后续环节提供必要的发音提示。

2. 韵律建模

韵律建模的目的是让合成的语音更加自然，通过规划音高、音长和音强等音段特征，使语音更具韵律感。韵律建模主要有两种方法，即基于规则的方法和基于数据的学习方法。基于规则的方法是根据人工制定的韵律规则，自动生成相应的韵律曲线和音长序列；基于数据的学习方法是利用带有韵律标注的语音数据训练韵律预测模型，并根据输入文本预测相应的韵律特征。

3. 语音合成

语音合成是将处理好的文本对应的单字或短语语音基元从语音库中提取出来，利用特定的语音合成技术对语音基元进行调整和修改，最终合成符合要求的语音。常见的语音合成方法包括基于共振峰的合成、基于波形拼接的合成以及基于分析 – 综合的合成等。在评估语音合成效果时，通常会结合主观评价（如听觉测试）和客观评价（如语音质量指标）进行，以确保合成语音的质量和准确性。

语音合成技术主要通过以下几种方法实现。

（1）波形拼接合成。波形拼接合成即通过拼接预先录制的语音片段生成完整的语音。采用这种方法合成的语音音质好，自然度高，但灵活性较低。

（2）参数合成。参数合成即利用声道模型合成语音，通过调整参数来生成不同的音色。采用这种方法合成的语音在音质与自然度上略逊于波形拼接合成，但灵活性更高。

（3）基于深度学习的合成。基于深度学习的合成有神经网络合成和端到端模型两种方式。神经网络合成，如 Tacotron 和 WaveNet，通过神经网络直接生成高质量语音。端到端模型直接从文本生成语音波形，减少了中间步骤，提高了语音生成效果。

2.3.3　语音生成的实际应用场景

1. 智能语音助手

智能语音助手能够提供信息查询、任务管理和设备控制等功能，代表产品有 Siri、Alexa 和 Google Assistant，国内的手机应用如小爱同学也深受用户欢迎，如图 2-28 所示。

2. 教育与培训

语音生成可以作为语言学习工具，辅助教育内容的传递。通过语音评分助手，可以为学习者提供发音指导和语言练习。图 2-29 是一个通过文本生成语音进行发音练习和检查评分的学习环境，AI 系统会提供朗读示范，并对学习者的朗读进行多维度分析和打分。

图 2-28　语音助手小爱同学

图 2-29　语音训练与评分

3. 语音导航

结合全球定位系统（GPS）导航系统，通过语音指导帮助驾驶员安全行驶。图 2-30 展示了汽车导航中的语音控制功能。在接收驾驶员的语音指令后，系统会通过合成语音反馈控制结果。

4. 无障碍技术

图 2-30　汽车导航中的语音控制功能

语音生成技术可以将书面文字转化为语音，帮助视障人士获取信息。许多手机和计算机系统均支持视障人士通过语音助手进行操作。例如，Windows 系统的“讲述人”功能使用户无须鼠标即可完成常见任务，如阅读屏幕内容，编写邮件，浏览网页和处理文档。Windows 系统中“讲述人”功能的设置界面如图 2-31 所示。

5. 艺术创作

语音生成技术还可以用于艺术创作，生成具有不同节奏、韵律和音色的音乐，如图 2-32 所示。

除上述场景外，语音生成技术还被广泛应用于资讯播报、订单播报、智能硬件（如智能音箱、智能家居设备）、机器人对话、语音内容分析、实时语音转写等场景中。

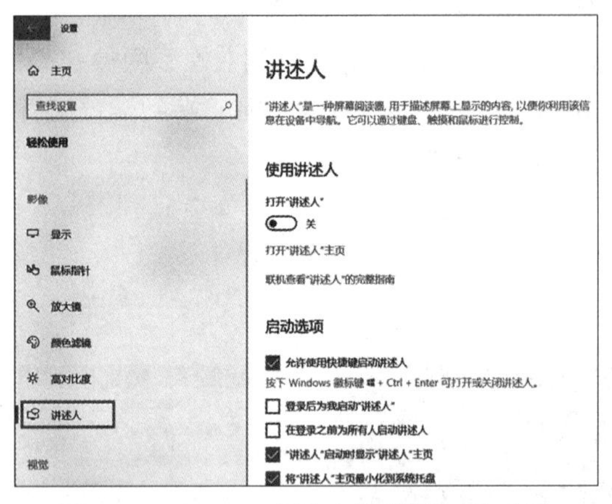

图 2-31　Windows 系统中的“讲述人”功能

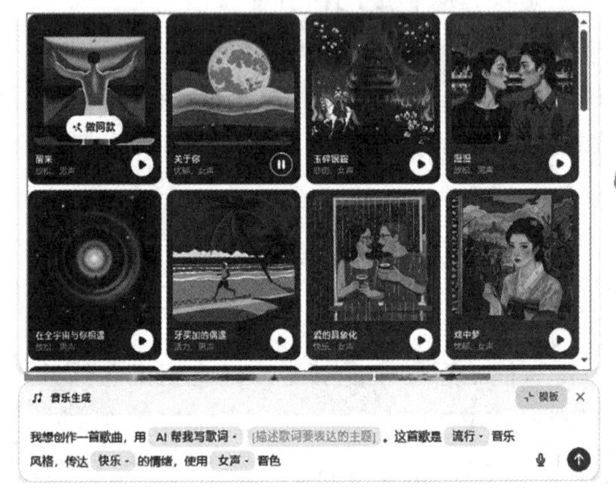

图 2-32　使用语音生成技术进行音乐创作

案例实训

探索智能语音助手

1. 项目概述

从身边的 IT 环境，发现语音助手的实际应用场景，探索语音生成技术在实际生活中的应用。

2. 参考场景

（1）在 PC 机中的探索。在 Edge 浏览器中按 Ctrl+Shift+U 组合键，打开“大声朗读”功能，选择不同音色，让语音助手朗读当前网页中的内容，如图 2-33 所示。

（2）在移动设备中使用语音输入法输入文字，体验语音输入的方式。

（3）在微信语音聊天中体验将语音聊天转化为文字显示的效果。

（4）在智能家居中使用语音控制家电。

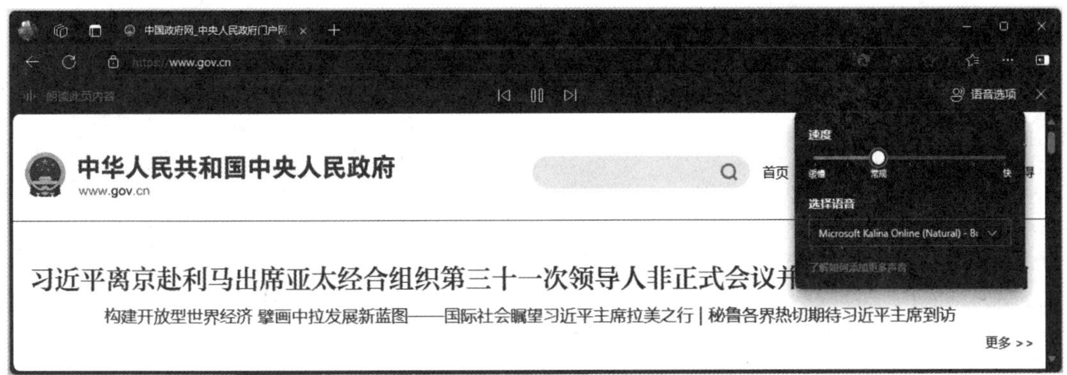

图 2-33　在 Edge 浏览器中用语音助手朗读内容

（5）使用外语学习系统中的语音辅助功能、打分功能。

（6）其他你认为能够接触到的语音生成技术应用场景。

3. 分析与分享

整理体验探索结果并发送至共享平台，与老师、同学共享，讨论体验过程中的便利之处、遇到的问题，并提出优化建议。

2.4　视频生成的绝妙——从视频特效创作到动态场景构建

随着数字媒体与娱乐产业的蓬勃兴起，视频生成技术成为重塑视觉体验的关键力量。从精细的视频特效创作到栩栩如生的动态场景构建，视频生成技术被广泛应用于影视制作、广告创意及虚拟现实等领域。这项技术极大地丰富了我们的视觉享受，更为视频创作者开辟了一个充满无限可能的创意新天地。

探索发现

视频魔法揭秘：从 0 到 1 的奇幻之旅

在数字化浪潮中，视频作为信息的载体，以其直观、生动、高效的特点，成为展现校园风采、传递校园文化的重要工具。恰逢学校校庆之际，我们计划通过一场别开生面的活动，为校庆制作一段独特的学校介绍视频，更重要的是，让学生在实践中探索视频制作的奥秘。

活动内容

根据脚本，在校园内选取合适的拍摄地点使用手机进行拍摄。选取合适的手机软件进行视频剪辑，包括镜头拼接、音效添加、字幕制作及简单特效（如滤镜、动画等）的使用。

思考或讨论

（1）简要介绍视频生成的过程。

（2）思考视频生成的基本原理。

2.4.1 什么是视频生成

视频生成（Video Generation）融合了图像生成、计算机视觉和深度学习技术，通过对人工智能的训练，使其能够根据给定的文本、图像、视频等单模态或多模态数据，自动生成符合描述的、高保真且富有创意的动态视频内容。

按照视频生成方式划分，当前 AI 视频生成可分为文生视频、图生视频、视频生视频三种方式。

文生视频、图生视频以文本或图像作为输入，生成相应的视频内容，代表性工具包括 Runway、Pika Labs、Stable Diffusion Deforum、Stable Video Diffusion、Magic Animate、DemoFusion 等。

视频生视频即基于已有视频再生成或编辑视频，具体方法包括逐帧生成（如 SD+Mov2Mov）、“关键帧 + 补帧”（如 SD+Ebsynth、Rerender A Video）、动态捕捉（如 Deep motion、Move AI、Wonder Dynamics）、视频修复（如 Topaz Video AI）等。

除此之外，还有“AIAvatar+ 语音生成”（如 Synthesia、HeyGen、D-ID）、长视频生短视频（如 Opus Clip）、“脚本生成 + 视频匹配”（如 InVideo AI）、剧情生成（如 Showrunner AI）等多种方式。

2.4.2 视频生成技术的基本原理

视频生成技术和图像生成技术在底层框架上较为相似，依赖于多种算法和模型，其核心包括生成对抗网络、自回归模型和变分自编码器。

1. 生成对抗网络

生成对抗网络在视频生成领域发挥着重要作用。它由生成器和判别器组成，通过对抗训练生成逼真的视频内容。

传统的视频生成方法通常需要手动设计规则和提取特征，不仅耗时耗力，而且难以适应复杂多变的视频数据，而基于 GAN 的方法能够自动学习视频的时空特征，显著提高视频生成的效率和质量。

2. 自回归模型

自回归模型在视频生成中具有很高的灵活性和精度。它通过预测序列中每个元素的概率分布来生成新的序列，常见的自回归模型包括 Transformer 和 GPT。其工作原理是逐帧生成视频。模型首先接收一个初始视频帧或者特定的条件信息，并据此预测下一帧的像素值概率分布，从中采样生成实际的像素值。接着，以生成的帧为基础，继续预测下一帧，如此循环，最终生成一段完整的视频。

3. 变分自编码器

变分自编码器（VAE）是一种通过学习数据的潜在表示来生成新数据的模型。在视频生成方面，VAE 表现出色。编码器将输入视频编码为潜在表示，这个潜在表示可以看作视频的一种压缩形式，包含了视频的关键特征和信息；解码器则从这个潜在表示中生成新的视频。VAE 通过最大化似然估计来学习数据的潜在分布，不断调整参数使生成的视频尽可能地接近真实视频分布。VAE 在生成连续性和一致性较高的视频方面具有很大的优势。

2.4.3　视频生成的前沿应用场景

随着大语言模型（LLM）和视频生成技术的不断进步，AI 在视频创作领域的运用降低了视频创作的时间和人力成本，也为视频创作者提供了源源不断的创意，极大地提升了视频内容的生产效率。以下是视频生成技术的几个主要应用场景。

1. 影视制作

AI 视频生成技术被广泛应用于影视制作中。奥斯卡获奖电影《瞬息全宇宙》的视觉效果团队使用 Runway 技术来帮助创建某些场景，比如，用 AI 工具去除背景、放慢视频、制作无限延伸的图片，如图 2-34 所示。Runway 的 Gen-2 还支持无提示词图生视频模式，用户只需上传一张静态图，AI 就能自动生成视频。

图 2-34　电影《瞬息全宇宙》海报

AI 视频生成系统凭借其语义理解能力，可以根据文字描述精准生成兼具神态与形象的角色，合成逼真的电影场景，增强视觉效果。2023 年年底美国 AI 初创公司 Pika Labs 推出的视频特效软件 Pika 具备生成和编辑 3D 动画、动漫、卡通和电影的能力，用户只需输入几行文本或上传图像，即可通过 Al 快速创建简短、高质量的视频。例如，输入“Elon musk in a space suit，3d animation”便可生成一段马斯克遨游太空的视频，如图 2-35 所示。

图 2-35 输入“Elon musk in a space suit，3d animation”生成的视频

2. 虚拟现实

2024 年，美国人工智能研究公司 OpenAI 发布了人工智能文生视频大模型 Sora。Sora 能够通过简单的文字输入，一键生成长达一分钟的连贯视频，呈现高度细致的背景、精致复杂的多角度镜头以及富有情感的多个角色。Sora 生成的视频涵盖多种机位（包括远景、中景、近景、特写和全景），人物和背景的关系始终保持高度的一致性，确保了 VR 体验的真实感和沉浸感，如图 2-36 所示。Sora 的发布标志着人工智能在理解真实世界场景并与之互动的能力方面实现飞跃。

图 2-36 Sora 生成的视频

3. 广告与营销

AI 工具助力创作者制作更具感染力的创意视频。广告行业作为内容制作需求量巨大的领域成为 AIGC 应用爆发的重要行业。例如，美团在 2024 年春节发布了一个长达 20 分钟的短

片，讲述一个男孩穿越时空帮爷爷弥补全家福照片缺失的遗憾，短片中部分画面使用了 AIGC 技术，如图 2-37 所示，动态展示的视频增强了广告的感染力。

图 2-37　AI 生成的视频广告

4. 教育与培训

AI 视频生成技术可以根据用户数据生成定制化的视频内容。在培训场景中，视频模拟可以更直观、有效地呈现教学内容，加深学习者的理解，提升学习效果。自动生成的教学视频可以为学生提供个性化的学习支持。图 2-38 展示了 AI 视频生成技术在医疗知识培训场景中的应用。

图 2-38　利用 AI 视频生成技术生成的医疗知识培训视频

案例实训

使用视频特效生成工具制作短视频。

1. 项目概述

目前单纯 AI 视频生成的服务比较受限，我们选择使用微软开放的 Clipchamp 来完成这一任务。根据需要制作一段引人入胜的短视频，是一个综合性的、非常实用的练习体验项目，包括视频素材导入创作及生成导出的全过程。感兴趣的读者也可以选择其他类似的 AI 视频制作工具完成任务。

Clipchamp 是早期 Windows 环境下的视频制作工具 Movie Maker 的 AI 更新版本，已经内置在 Windows 11 中。该软件便于获取，操作简单，所有用户都可以通过浏览器或本地桌面程序使用其自动创作功能，其中的 AI 视频编辑器能理解媒体中的场景（如视觉效果、音频和故事），并且可以确定编辑和合成媒体的最佳方式，从而制作引人入胜的视频。用户可以自动生成 1080p 的高质量幻灯片、蒙太奇视频和短视频，如图 2-39 所示。

图 2-39　Clipchamp 主界面

2. 系统设计

通过 Clipchamp，我们可以设计生成一段个人简介，或根据喜好选择其他感兴趣的视频制作主题。其中主要体现以下技术内容。

（1）快速完成。将日常照片和视频变成精美的视频，几分钟内创建多个独特的视频。

（2）字幕生成。自动识别视频中的语音并生成字幕，可编辑字幕内容。

（3）AI 配音。使用基于 AI 的文本转语音功能进行配音，音调支持中性化、女性化或男性化，有 170 种语言和 400 种逼真的声音。

（4）效果生成。片头片尾的自动生成；允许用户上传视频并选择特效风格，如果对初始视频结果不满意，可立即修改获得新视频。

3. 实现步骤

（1）在线打开或在本地运行 Clipchamp 软件，新建视频工程，导入个人照片和视频资料。

（2）将照片和视频使用鼠标播放到合适的播放时间线上，或在内容库中查找导入符合主题内容的在线视频。时间线中可以重叠摆放不同的视频内容和效果，顶部的视频会覆盖底部的视频。

（3）在录制和创建区加入新的内容，如屏幕操作内容、摄像头实时录像、麦克风语音讲解，或者使用 AI 文本生成音频功能，输入文字，选择不同的语气风格，生成规范的自动朗读内容，如图 2-40 所示。

（4）使用现成的模板加入转场、片头、片尾，加入背景音乐等各种需要的音视频效果。

（5）导出视频。可选择导出视频的分辨率，高分辨率的视频体量更大。自动保存在本地的视频也可以继续转发到其他媒体网站，如图 2-41 所示。

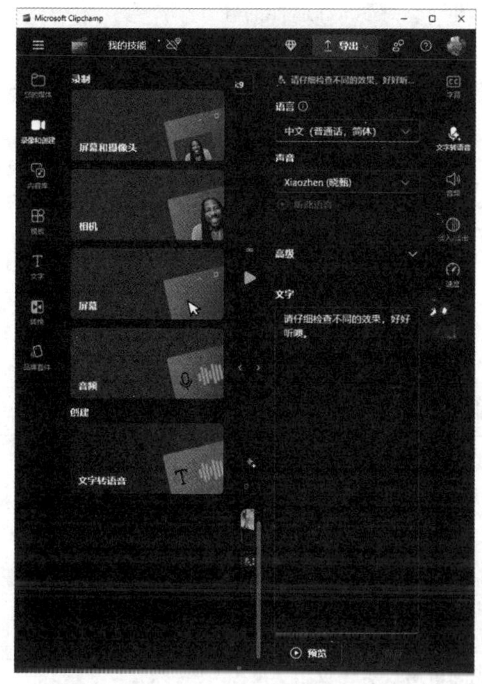

图 2-40 Clipchamp 中的文本生成音频功能

图 2-41 Clipchamp 中的视频导出功能

4. 测试与优化

本地播放导出的视频，并提交到在线平台检查视频效果。通过原始工程文件继续编辑修改，重新生成优化视频。

自我测试

1. 谈一谈：在你的学习工作中，图像生成技术可以应用在哪些场景。

2. 试一试：尝试利用 AIGC 生成视频。

3. 想一想：人工智能代理是一种具有自主性或半自主性的智能实体，能够利用人工智能技术将多个 AIGC 串联起来完成多个任务，在数字或物理环境中感知、决策、采取行动并实现目标。想一想，我们生活、学习中的哪些事情可以由人工智能代理完成。

模块自评

<table>
<tr><td>模块名称</td><td>模块 2　智创关键——探索生成式人工智能技术领域</td><td>评价人</td><td></td></tr>
<tr><td colspan="3">检查评价点</td><td>评价等级（A、B、C、D）</td></tr>
<tr><td rowspan="5">素质</td><td colspan="2">通过初探生成式人工智能的技术领域，了解人工智能的基本应用、基本原理，以及其在日常生活中的各种应用场景，增强学生对科技领域的探索意识和好奇心，养成持续学习和研究的习惯</td><td></td></tr>
<tr><td colspan="2">通过学习体验文本生成、文生图和音视频生成，感受人工智能的魅力，增强将科技知识转化为实际应用的意识</td><td></td></tr>
<tr><td colspan="2">通过了解人工智能对社会的影响及不同日常应用场景的差异，深入思考其背后的伦理问题和责任担当，树立科技使用中的伦理意识和责任感，确保科技应用的合法性、合规性和道德性</td><td></td></tr>
<tr><td colspan="2">通过理论解析人工智能的原理、特点、分类以及算法与数据等基础知识，提升对科技问题的分析能力和创新思维</td><td></td></tr>
<tr><td colspan="2">通过案例分析典型人工智能应用实例并了解生成式人工智能等前沿技术，拓展科技前沿视野，增强学生对新技术、新应用的敏感度和适应意识</td><td></td></tr>
<tr><td rowspan="7">知识</td><td colspan="2">了解文本生成、文生图和音视频生成的基本概念</td><td></td></tr>
<tr><td colspan="2">了解生成式人工智能技术的基本原理</td><td></td></tr>
<tr><td colspan="2">了解生成式人工智能技术的日常应用</td><td></td></tr>
<tr><td colspan="2">了解生成式人工智能技术对社会的影响</td><td></td></tr>
<tr><td colspan="2">了解生成式人工智能技术的常用工具</td><td></td></tr>
<tr><td colspan="2">掌握了解文本生成、文生图和音视频生成的常用技术手段</td><td></td></tr>
<tr><td colspan="2">理解生成式人工智能在文本、图、音视频生成的概念、原理及应用场景</td><td></td></tr>
<tr><td rowspan="8">能力</td><td colspan="2">能表述生成式人工智能技术的基本概念与由来</td><td></td></tr>
<tr><td colspan="2">能列举并解释生成式人工智能技术的日常应用</td><td></td></tr>
<tr><td colspan="2">能分析生成式人工智能技术对社会的影响</td><td></td></tr>
<tr><td colspan="2">能识别并解释生成式人工智能技术在不同应用场景中的差异</td><td></td></tr>
<tr><td colspan="2">能体验并评价生成式人工智能技术的便捷性与潜在风险</td><td></td></tr>
<tr><td colspan="2">能阐述生成式人工智能技术的原理、特点与分类</td><td></td></tr>
<tr><td colspan="2">能应用生成式人工智能技术协助日常学习和工作</td><td></td></tr>
<tr><td colspan="2">能分析并预测生成式人工智能的应用场景</td><td></td></tr>
</table>

注：评价等级 A 为优秀、卓越；B 为良好，还有提升空间；C 为一般，有待提升；D 为较差，需重点关注。

模块3　智享美好——奏响智慧生活与智能生产新乐章

模块导读

智能时代璀璨篇章的开启，使我们正在亲历一场前所未有的生活与生产之大变革。从智能购物带来的个性化便捷让人们的每一笔消费都充满惊喜，到智能家居的温馨舒适使生活的每一刻都尽享惬意，再到智能交通的疾速前行令出行成为享受，最后到智能生产的高效精准引领产业跃升至全新高度，人工智能正以无尽的智慧与力量，深度融入并深刻改变着我们的生活方式与生产模版，引领我们迈向一个更加智能、高效与美好的未来。

本模块将深入剖析人工智能与我们身边生活和工作场景的融合发展趋势，探讨它们如何共同奏响未来社会的新乐章。无论你是人工智能科技爱好者，还是对未来的工作和生活充满好奇的探索者，本章都将为你提供一场精彩纷呈的智慧之旅。

学习目标

1. 了解智能购物技术应用原理和操作流程。
2. 了解智能驾驶的发展历程、关键技术与挑战。
3. 掌握智能安全系统的核心组成部分及其功能。
4. 了解智能制造的关键流程及关键技术。

3.1　智能购物的便捷——从传统电子商务到智能电子商务

如今，智能购物已悄然革新我们的日常生活体验。回想往昔，网购曾是一场耐心与毅力的考验：电子商务 App 中的商品详情页面千篇一律，费力浏览无数页面才能寻觅到心仪之物，下单后则是漫长的等待以及物流信息的模糊难辨。而今，这一切已截然不同！轻触手机购物 App，根据你的喜好而精选的个性化商品即刻呈现在眼前，下单后物流状态实时追踪，精准预测送达时间。

这场从“烦琐”到“便捷”的华丽蜕变，正是人工智能在电子商务与物流领域施展的神奇魔法。今日，就让我们一同揭开智能电子商务的神秘面纱，探索其背后的智能奥秘。

探索发现

商品智能推荐大发现

本活动打造了一场趣味智能电子商务的探索之旅，通过该活动，让学生了解商品个性化推荐背后的人工智能技术，体验智能购物的便捷，激发学生对人工智能赋能电子商务领域的兴趣和深入思考，真切感受人工智能技术是如何重塑我们的日常购物体验的。

活动准备

自由分组，每组 3 人。提前检查手机，保证已下载同款购物 App 并能正常打开。

活动步骤

打开购物 App 的首页，查看首页推荐的商品中是否有心动商品，然后将推荐的前 5 个商品名称、类型记录下来，填写在智能推荐商品记录单中，如表 3-1 所示。

表 3-1 智能推荐商品记录单

小组成员	推荐商品 1	推荐商品 2	推荐商品 3	推荐商品 4	推荐商品 5
同学 A					
同学 B					
同学 C					

记录完成后，小组成员相互对比记录。你们会惊讶地发现，虽然每个人打开的是同一款购物 App，但首页展示的商品却有所不同。这神奇的现象背后，就是人工智能中的智能推荐技术在默默发力，如图 3-1 所示。

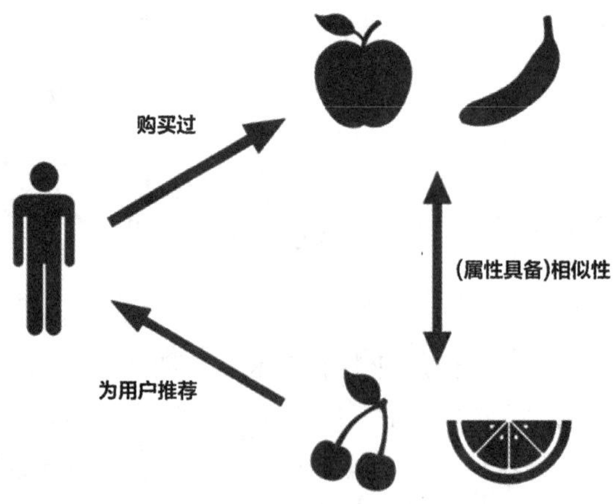

图 3-1 简单的智能推荐技术工作原理

智能电子商务 App 就像一个十分贴心的导购小助手，它可以根据大家以往的购物习惯、浏览历史，猜出大家此刻可能心仪的商品，并根据测算后个人的喜爱程度把商品排序展示在每个人的面前。

简单来说，人们浏览和购买哪类产品较频繁，智能电子商务就会为其推荐与其喜欢的商品有相似应用场景、颜色和价格等要素的其他商品！

思考或讨论

活动结束后，每个小组派出一名代表，讲述在这个活动中，智能电子商务和传统电子商务存在哪些不同之处，同时深入探讨人工智能参与了以上现象中的哪些环节，又是如何发挥作用的。大胆分享，看看谁的发现最有趣！

通过这个活动，大家肯定已经迫不及待想知道智能电子商务为什么会这么神奇，接下来，我们就正式开启此次知识之旅吧！

知识准备

3.1.1　什么是“智能电子商务”

1. 智能电子商务的内涵

智能电子商务是电子商务发展的新阶段，是指利用人工智能、大数据、云计算等先进技术，对电子商务的各个环节进行智能化改造和升级，使线上商品交易活动的体验升级，让电子商务系统能够像人一样推理、思考和行动，自主解决和处理商品交易过程中出现的问题，完成以往需要人的智力才能胜任的活动。

数据是智能电子商务的根基，电子商务平台从多渠道收集用户数据，如用户浏览商品的历史记录、购买某类商品的频率、最近搜索商品时常用的关键词，还有对已购商品的评价反馈等。通过分析这些数据，电子商务平台猜测用户最有可能喜欢或需要哪些类型的商品。

入驻电子商务平台的商家鳞次栉比，电子商务平台自然也要筛选和推荐最适合用户的商品。电子商务平台会定期分析入驻商家同类商品的数据，如商品的好评程度、最近一段时间被搜索和浏览的次数等，从而找到近期最为火爆的同类商品。

人工智能技术是智能电子商务的强大引擎，让电子商务运营更加智能和高效。智能电子商务会运用人工智能算法对买卖双方的数据进行深入的挖掘和分析，从而找出与用户潜在需求最为匹配的商品，这就是智能电子商务的人工智能推荐算法的机制。

在智能客服方面，基于自然语言处理技术，实现人机对话，自动解答用户咨询、处理问题。它能全年无休随时服务，大大提升服务效率和用户满意度，如图 3-2 所示。

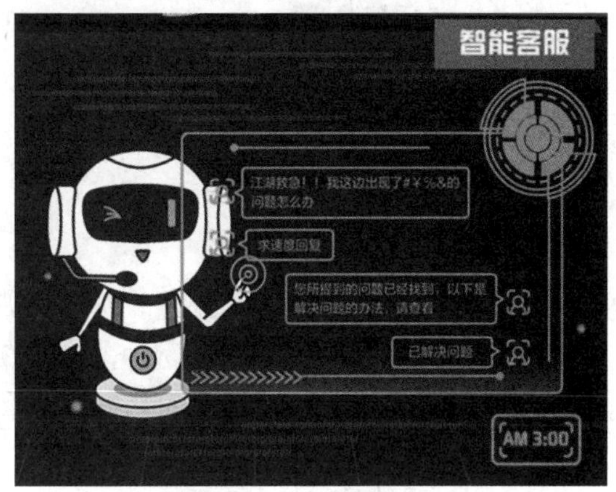

图 3-2　人工智能客服

在商品搜索方面，用户可以通过拍照搜索想要的商品，智能电子商务平台会基于图像识别技术自动分析照片中的商品外观特征以及包装上的文字信息，然后从商品库中搜索同款商品，如图 3-3 所示。

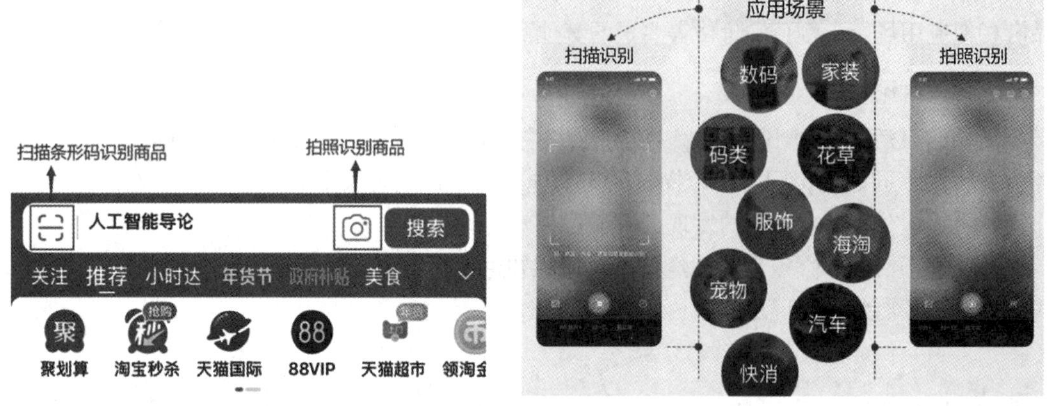

图 3-3 基于图像识别技术的扫描和拍照搜索

用户也能使用语音搜索，智能电子商务平台会基于语音识别技术，分析话语中商品的名称、特征等信息，让其用最短的时间更加便捷地找到自己心仪的商品。

用户在智能电子商务平台上下单后，就轮到智能物流大显身手了！

智能物流是智能电子商务高效运转的保障，确保商品能及时、准确地送达消费者手中。

智能物流就像一个由智能仓库、智能搬运机器人、智能配送机器人等多种先进技术共同搭建的神奇网络，通过人工智能技术协同物流各环节运作，实现商品从仓库中包装、出库到运输过程中的位置追踪、分拣配送的“智能化”和“无人化”，让整个物流过程更加高效，让用户在享受便捷购物的同时，还能感受到高效物流带来的优质体验，如图 3-4 所示。

图 3-4 智能物流

2. 智能电子商务的特点

想象一下，大家走进一家神奇的商店，刚进门就有一位仿佛能看穿你心思的魔法导购员迎上来，他清楚地知道你平时喜欢什么风格的商品，可以根据你的需求为你推荐最适合的产品，更神奇的是，这个导购员甚至比你自己还了解自己，虽然你什么都没跟他说，但他会分析和预测你的各种购物偏好，把你可能喜欢的商品一并推荐给你。

这个魔法导购员就是人工智能技术，其实智能电子商务就像人工智能技术给传统电子商务施了魔法，接下来就让我们一起探究智能电子商务究竟有哪些令人惊叹的特点吧。

1）智能化

引入机器学习和自然语言处理等人工智能技术，可以让电子商务具备智能推荐、智能客服等用户服务的功能。

2）数据驱动

依靠采集和分析用户需求和购物行为模式的海量数据，为商家提供精准的营销策略，为消费者接收到更匹配自己需求的各类商品和服务。

3）个性化

强调根据每个用户的独特偏好和行为特征，提供定制化的购物体验。从个性化的商品推荐、界面设计到专属的优惠活动，智能电子商务致力于满足不同用户的个性化需求，提高用户的满意度和忠诚度。

4）高效化

利用自动化和智能化的流程，提高智能电子商务的运营效率。让用户从搜索商品、付费下单到签收货物的整个流程中效率越来越高，购物体验越来越好。

5）线上线下相融合（O2O）

打破线上线下的界限，实现多渠道、多场景的无缝购物体验。用户可以在实体店体验商品后，通过线上平台购买；也可以在线上下单，选择到实体店自提或享受线下的售后服务，使购物更加便捷灵活，如图 3-5 所示。

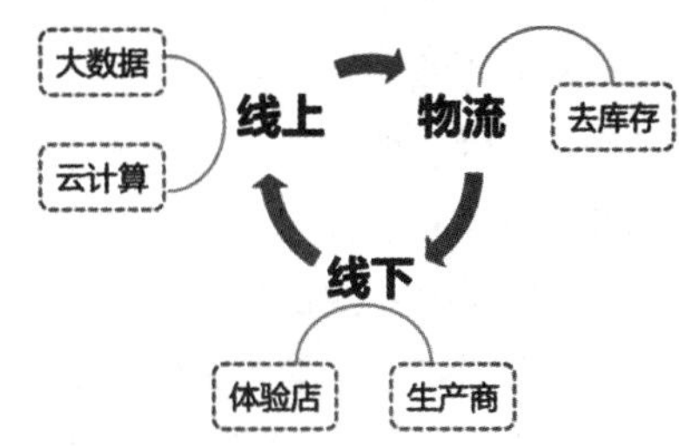

图 3-5　线上线下相融合的购物体验

视野拓展

通过前面的学习，我们已经熟悉智能电子商务的特点与优势。接下来让我们一起了解一下智能电子商务在全球的成功案例。

1）亚马逊（Amazon）

作为全球电子商务的巨头，亚马逊在智能电子商务领域取得了显著的成就。智能仓储和物流系统是其一大亮点。

通过自动化机器人和人工智能算法，亚马逊的仓库能够高效地处理海量订单，实现快速分拣和配送。例如，Kiva 机器人在仓库中自动搬运货架，将货物送到工作人员面前，大大提高了订单处理效率，如图 3-6 所示。

2）阿里巴巴（Alibaba）

在中国，阿里巴巴在智能电子商务方面有着卓越的表现。其旗下的淘宝和天猫平台利用人工智能技术进行图像识别。比如，用户可以通过拍摄商品照片在平台上搜索相似商品，这一功能方便了消费者找到心仪的产品，如图 3-7 所示。

阿里巴巴还通过大数据预测消费趋势，帮助商家提前备货和调整营销策略。例如，在每年的“双十一”购物狂欢节之前，阿里巴巴会基于大数据分析向商家提供销售预测，使商家能够更好地准备库存，避免出现库存积压或缺货的情况。

图 3-6　亚马逊 Kiva 搬运机器人协同工人出库

图 3-7　阿里巴巴“数据参谋”产品

3.1.2 “智能电子商务”的构成及关键技术

1. 用户行为数据采集

人工智能技术，像一个超级“数据收集小能手”，精准收集智能电子商务平台商品用户的浏览、搜索、购买、收藏等购物行为数据。人工智能技术还能通过图像识别技术识别用户在智能电子商务平台上上传的图片信息（如用户晒单的图片），从中挖掘潜在需求。

关键技术：图像识别技术

图像识别技术是人工智能的一个重要分支，能够让计算机像人一样“看”懂图片内容。通过图像识别技术，计算机能够识别出图片中的物体、场景、文字等关键信息，进而实现自动分类、识别、检测等功能，如图 3-8 所示。

图 3-8　智能识别与分类

当然，在物流分拣时，利用图像识别技术系统能更快速准确地判断货物的名称、种类和规格。另外，搬运机器人处理订单时可以自动将订单上指定的货物从仓库货架上识别和分拣出来，提高出库的效率和准确性。

2. 商品智能推荐

人工智能的机器学习技术在商品智能推荐环节发挥着关键作用。

机器学习技术能不断分析于上一环节采集的用户购物行为数据，尝试发现用户对商品颜色、种类、价格等要素的喜好，然后再根据分析结果给用户推荐各类商品。机器学习技术通过进一步的跟踪用户浏览和购买数据，不断修正自己的分析预测方向，最终让智能电子商务平台成为一个“比你还懂你自己”的“人”。

关键技术：机器学习技术

机器学习技术是人工智能的核心工具，它让计算机能够通过分析大量用户的行为数据来自动学习并提升数据分析和预测能力。

简单来说，人工智能就像一个刚出生的婴儿，智力并不发达，需要输入大量示例（如图片、文本或数字），并设定正确的输出结果，其才能尝试找出这些输入与输出之间的关系或规律，后续就会尝试根据自己学习到的经验和规律，对新的、未见过的数据进行预测或分类，如图 3-9 所示。

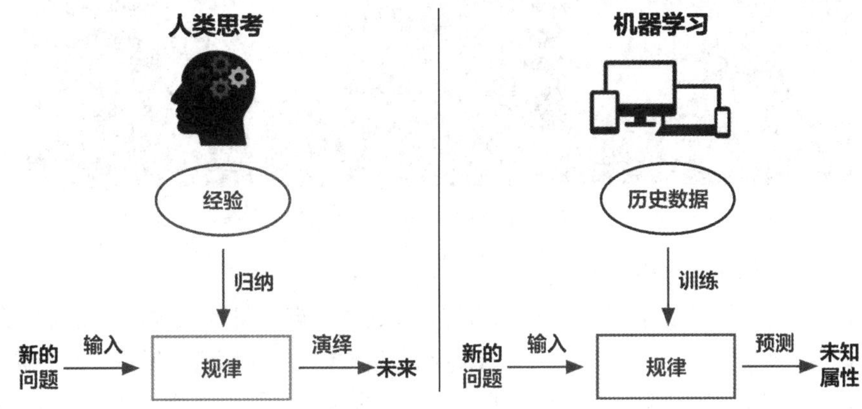

图 3-9　人类思考与机器学习的对比

3. 智能客服

当用户有商品咨询或者售后问题时，手机对面跟用户对话的很可能不是人类，而是人工智能客服机器人。智能客服机器人是一种高度智能化的计算机程序软件，它仿佛拥有了自己的“智慧”，能够像人类客服一样与用户进行流畅的交流，如图 3-10 所示。

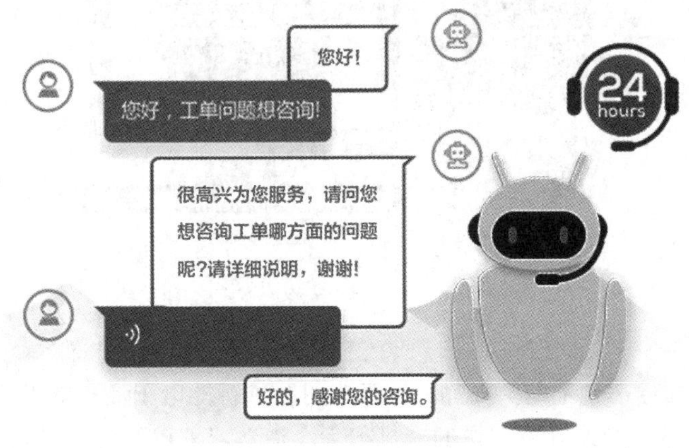

图 3-10　智能客服机器人

用户只需通过简单的文字或语音输入，智能客服机器人就能迅速理解用户的意图，并从其庞大的知识库中精准地找出答案。这个知识库涵盖各种常见问题和解决方案。机器人不仅反应迅速，还能在不断与用户互动的过程中学习成长，变得越来越聪明。

如果遇到复杂的问题，智能客服机器人会引导用户找到人工客服，然后其会静静地聆听，不断学习该怎样处理复杂问题。人工智能客服机器人的出现，极大地提升了服务效率，优化了用户体验，如图 3-11 所示。

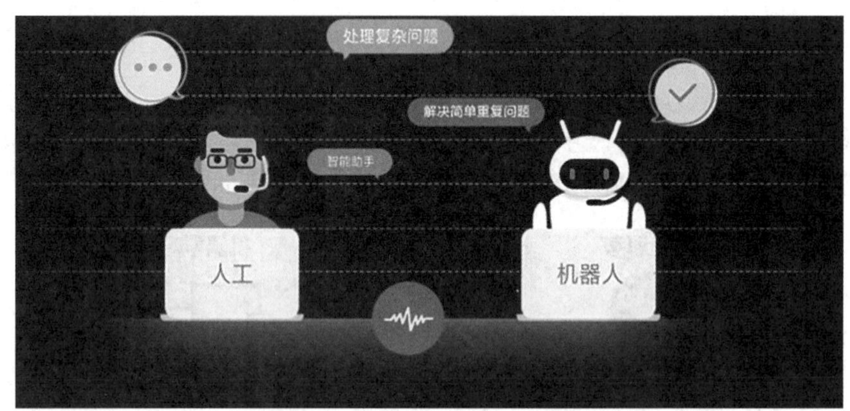

图 3-11 智能客服机器人与人工客服协同服务

关键技术：自然语言处理技术

通过学习大量的人类语言数据，自然语言处理技术不断提升对人类语言的理解和生成能力。简单来说，就是让计算机能听懂话、看懂字，还能像人一样用语言回答问题或提供服务。

自然语言处理技术能够让计算机“理解”用户的语言，包括词语的意思、句子的结构，还有说话人的情感和意图。其就像一个聪明的翻译官，把人类的语言转换成计算机能理解的形式，再让计算机用人类的语言来回应用户，如图 3-12 所示。

图 3-12 自然语言处理技术简单图示

4. 交易与支付

当用户在电子商务平台上购买商品并准备支付时，智能电子商务的人工智能反欺诈和交易风险识别技术能够智能地分析用户的交易行为、消费习惯以及卖家的信誉等多维度信息，迅速识别出异常的交易模式或潜在的欺诈风险，如图 3-13 所示。

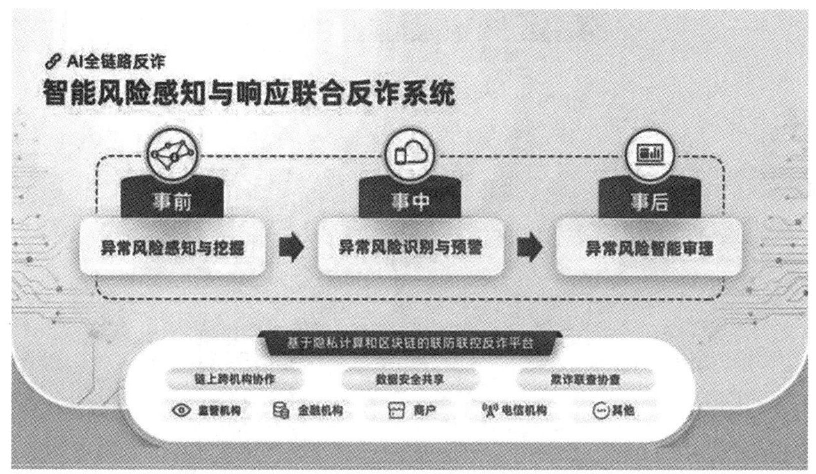

图 3-13 智能风险感知和评估

人工智能反欺诈和交易风险识别技术就像聪明的侦探，其会仔细分析用户的交易行为，比如用户购买了什么、花了多少钱，还会“查看”用户的购买历史和支付习惯。同时，人工智能反欺诈和交易风险识别技术还会检查卖家的信誉和交易记录。如果其发现交易有异常（见图3-14），智能电子商务平台就会立刻发出警报。系统可能会要求用户进行额外的验证，比如输入验证码，或者通过其他方式确认是否为用户本人操作。这样，就能有效防止盗刷和欺诈行为，让网上购物更加放心。

图 3-14 网络诈骗

5. 物流配送

用户在智能电子商务平台下单后，就轮到智能仓储发挥作用了，具体如图3-15所示。

图 3-15 智能仓储

人工智能的机器人和自动化设备可以实现货物的自动存储和检索，提高仓储效率。在配送优化上，利用机器学习算法，结合实时交通数据、订单分布等信息，规划最优配送路线，减少配送时间和成本。

商品出库后，在运输和中转过程中，人工智能技术可以对商品的物流信息进行实时分析和预测（见图3-16）。通过整合和分析物流公司的车辆定位数据、天气、交通事故等数据，其能更准确地预测包裹的送达时间，并且在运输过程中出现异常情况（如车祸、台风、交通管制等）时，及时调整物流预测信息并通知用户。

图 3-16　物流信息追踪

关键技术 1：自动导引小车（AGV）

在繁忙的智能仓库和工厂中，你是否曾注意到那些无须人工驾驶，却能自主穿梭于货架与生产线之间的车辆？

它们就是智能仓库里的 AGV，即自动导引小车，仓库里的“智能搬运工”。这些小车安装了先进的导航系统和传感器，就像有了“眼睛”和“智慧”，能够自己在仓库里找到路，准确地把货物从一个地方搬运到另一个地方。

AGV 会使用人工智能技术中的路径规划技术，通过实时计算出的最优路径行驶，它们能够自动识别并避开障碍物，确保在仓库里安全、高效地工作。当需要搬运货物时，AGV 会准确地停靠到货物旁边，用它们特制的机械臂或者叉车装置把货物稳稳地抬起，然后快速、平稳地运送到目的地。

智能仓库里的 AGV 不仅大大提高了货物搬运的效率，还减少了人工搬运的错误和劳动强度。它们可以 24 小时不间断地工作，让仓库的物流运作更加顺畅。而且，AGV 还能与仓库的智能管理系统无缝对接，实现货物的自动化、智能化管理，如图 3-17 所示。

图 3-17　AGV

关键技术 2：智能配送机器人

物流中的智能配送机器人，是快递小哥的“智能替身”，负责从快递站到用户手中的“最后一公里”运输。它们是一种能够自动完成货物配送任务的机器人，装备了先进的导航系统和避障传感器，可以在街道、小区等各种环境中灵活穿梭，在配送过程中，如果遇到障碍物或者行人，配送机器人会智能地避开，确保行驶安全，如图 3-18 和图 3-19 所示。

图 3-18　无人机快递

图 3-19　京东配送机器人

这些配送机器人能够按照预设的路线或者通过实时定位技术，准确地将货物从配送站运送到用户手中。它们不仅速度快，而且非常准确，能够确保货物安全、准时地送达。

使用配送机器人，不仅大大提高了物流配送的效率，还减轻了快递员的工作负担。特别是在一些特殊时期或者恶劣天气下，配送机器人能够代替人工完成配送任务，保证物流服务的连续性和稳定性。

案例实训

智能购物初体验

小智是一名刚入职的职员，作为职场新人的她，特别关注时尚穿搭。最近，她的朋友对一款智能试衣穿搭的 App 赞不绝口，她决定也体验一下智能购物软件究竟有多么智能。

打开 App，小智按要求上传了自己的全身照片，这时购物 App 的人工智能技术开始大放异彩，它通过图像识别技术分析小智的身高、身材比例、肤色、长相气质等个人特征，从而生成了小智的“样貌体征库”，如图 3-20 所示。

图 3-20　人工智能识别并分析用户全身照片

随后，小智就被手机屏幕吸引了。手机上展示着当季流行的服装款式，智能购物软件精准推荐了几套适合她的穿搭，有职场风、运动风，还有甜美风，如图 3-21 所示。

小智看中了其中的一套职业装。这时她按照提示选择了这款衣服，通过智能屏幕，她看到自己穿上了这套职业装，而且还能 360° 旋转查看效果。不仅如此，她还能通过滑动屏幕，快速切换不同的颜色和尺码，如图 3-22 所示。

图 3-21　人工智能推荐各种类型的衣物

图 3-22　基于虚拟现实增强技术的智能穿搭体验

在挑选裤子的时候，小智很纠结，不知道该选牛仔裤还是阔腿裤。

她尝试使用 App 上的智能语音购物助手，说出自己的困惑。很快，语音助手就给出了专业的建议，它不仅分析了牛仔裤和阔腿裤搭配这件上衣的不同风格特点，还结合小智之前在屏幕前展示的体型数据，推荐了更显腿型的牛仔裤，如图 3-23 所示。

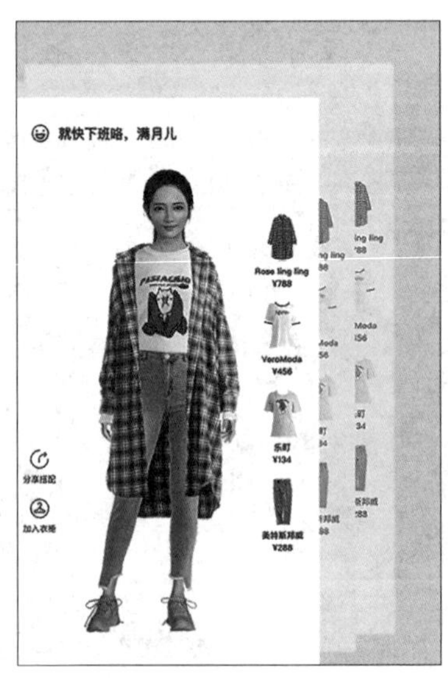

图 3-23　智能购物助手提升购物体验

通过小智这次使用智能购物软件的经历可以看出，人工智能在智能购物领域的应用越来越丰富和深入。

结合以上案例展开活动讨论，如表 3-2 所示。

表 3-2　“智能购物初体验”活动讨论表

<table>
<tr><td colspan="2">基本信息
活动名称：智能购物初体验
活动日期：________________
参与者姓名：________________</td></tr>
<tr><td>讨论内容</td><td>通过上述案例，小智在智能购物软件的体验中，全方位地感受到了人工智能的魅力。下面我们讨论，人工智能技术是如何做到如此精准地把握用户需求，为像小智这样的消费者提供近乎完美的购物体验的呢？</td></tr>
<tr><td>讨论目的</td><td>感受 AI 在智能购物领域为我们的生活带来的便利，并理解智能购物过程中涉及 AI 的哪些技术。</td></tr>
<tr><td>讨论流程</td><td>1. 分析精准的个人特征分析到贴合需求的穿搭推荐过程。
2. 分析便捷的智能试穿过程。
3. 分析专业的语音助手给出建议的过程。</td></tr>
<tr><td colspan="2">讨论结果分析
1. 小组讨论，在购物过程中，从精准的个人特征分析到贴合需求的穿搭推荐过程中，主要用到了 AI 中的什么技术？
2. 小组讨论，在智能试穿过程，可以 360° 度旋转查看效果，是利用什么技术实现的？
3. 小组讨论，语音助手在购物过程中起到了什么作用？</td></tr>
<tr><td colspan="2">拓展思考
1. 在这次智能购物体验过程的讨论中，你最大的感受是什么？
____
2. 你还知道智能电子商务中的哪些应用？
____
3. 智能购物与传统购物的不同主要体现在哪些方面？
____</td></tr>
</table>

3.2　智能交通的未来——从日常出行到智能驾驶

同学们，想象一下这样的场景：在不久后的道路上，汽车将摆脱对人类驾驶员的依赖，自如地穿梭于城市之间，并能够安全、高效地将乘客送达目的地。这个场景中，智能驾驶技术功不可没——其已不再是科幻电影中遥不可及的幻想，而是正在逐步成为现实的科技变革。

探索发现

智能驾驶初体验，新奇与惊喜并存

作为一名传统司机，王师傅一直以来都习惯了手握方向盘，脚踩油门和刹车的驾驶方式。然而，随着科技的飞速发展，智能驾驶技术逐渐走进了百姓的日常生活。王师傅今天第一次亲身体验这项前沿科技，心中充满了期待与好奇。

刚坐进车里，王师傅就被那充满科技感的驾驶舱吸引。中控台大屏幕上的各种传感器数据和炫酷的操作界面让他眼花缭乱（见图 3-24）。王师傅好奇地问："汽车是什么时候发动的？"工作人员告诉他，在上车之前，其已经用手机 App 发动了汽车，并且设置好了车内的空调温度，让王师傅一上车就能有舒适的驾车环境。王师傅感慨道："智能汽车果然先进！"

图 3-24 智能汽车驾驶舱

"祝您驾驶愉快！"随着柔和的车载语音，王师傅踏上了试驾之旅。

在工作人员的指导下，王师傅跟汽车说道："开启自动驾驶。"瞬间，汽车仿佛被赋予了生命一般，开始自动调整车速、方向，甚至在遇到弯道时也能自如转弯。王师傅坐在驾驶座上，双手轻轻放在方向盘上，却感觉像是乘坐在一架未来感十足的无人驾驶的飞船里，如图 3-25 所示。

图 3-25 自动驾驶导航示意

最初，王师傅还有些紧张，双手紧握方向盘，眼睛紧紧盯着前方，生怕汽车会出现什么意外。但很快，他就发现这种担忧是多余的。智能驾驶系统非常稳定，无论是跟车、变道还是超车，都处理得恰到好处。它似乎能够预测到其他车辆的动作，提前做出调整，确保行驶的安全和顺畅，如图 3-26 所示。

图 3-26　车距检测及预防事故

最让他感到新奇的是，当汽车行驶在高速公路上时，他甚至可以松开双手，让汽车完全自主驾驶。那种感觉就像有一位隐形的司机在替他开车，而他只需要坐在座位上享受旅途的风景。当然，他知道自己不能完全放松警惕，工作人员告诉他，智能驾驶技术还处于发展阶段，需要人类司机的监督和干预，如图 3-27 所示。

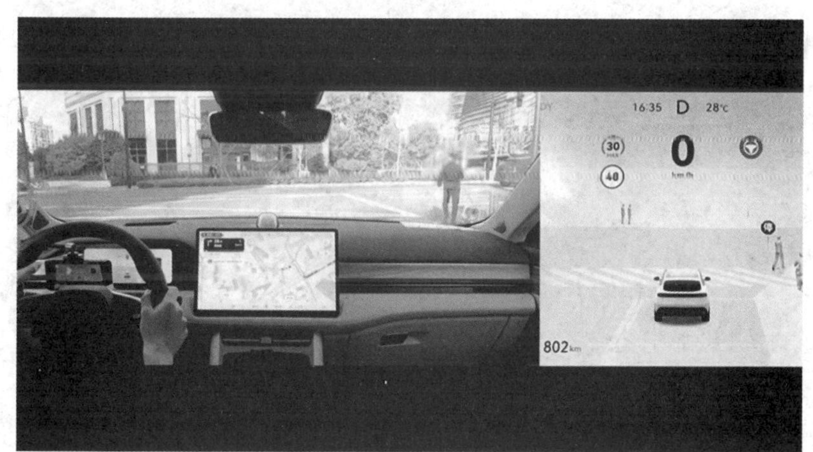

图 3-27　行人检测及紧急制动

在试驾过程中，王师傅还体验到了智能驾驶系统的其他功能。比如，当汽车接近红绿灯时，它能够自动识别信号灯的颜色，并做出相应的停车或起步动作。在遇到行人横穿马路时，系统也能迅速做出反应，避免碰撞的发生。这些智能化的功能让王师傅对智能驾驶技术充满了敬意和期待。

除了驾驶本身的体验，王师傅还感受到了智能驾驶技术带来的便利和舒适。他不再需要长时间紧握方向盘，手部和肩部的压力得到了极大的缓解。同时，他也可以有更多的时间和精力关注路况和周围环境，提高了驾驶的安全性和愉悦感。

试驾结束后，王师傅意犹未尽地走出汽车。回想起刚才的驾驶体验，他感到既新奇又惊喜。智能驾驶技术不仅改变了传统的驾驶方式，更让他看到了未来出行的无限可能。而作为一名老司机，王师傅相信，在不久的将来，智能驾驶技术将会更加成熟和完善，为我们的生活带来更多的便利和惊喜。

那么，什么是智能驾驶呢？人工智能技术在智能驾驶中又发挥了哪些作用呢？下面让我们一起来探究吧！

知识准备

3.2.1 什么是“智能驾驶”

1. 智能驾驶

提起智能驾驶技术，大家是不是既感到期待，又感到神秘好奇呢？可是你知道最早的“无人驾驶”车是什么吗？传说中，轩辕黄帝所坐的七香车——“若人坐上面，不用推引，欲东则东，欲西则西，乃世传之宝也”。坐上车就可以“随心所欲”，这不就是今人正在研发的高科技——无人智能驾驶技术吗？这种车辆在《封神演义》中也有描述，被称为“七香车”，是西伯侯周文王的祖传宝物，如图 3-28 所示。

图 3-28 轩辕黄帝的“七香车”

此外，不得不提及司南的应用及其演变历程。司南，这一源自中国古代的精密仪器，设计之初被用来精确辨别方向。随着科学技术的日新月异，司南（见图 3-29）经历了从古代智慧到现代科技的华丽蜕变，最终演化为我们今天所熟知的导航系统。这一技术上的飞跃，不仅彰显了人类文明的进步，更是在现代汽车领域找到了其新的应用舞台，为驾驶者提供了前所未有的导航便利与安全保障。

图 3-29　指南针的前身“司南”

那么，到底什么是智能驾驶呢？

智能驾驶，是一种让汽车具备自主驾驶能力的先进技术。它通过集成各种高精度传感器，如摄像头、雷达和激光雷达等，实时感知并分析车辆周围的道路环境、交通状况及障碍物信息，如图 3-30 所示。

图 3-30　智能驾驶概念

这些信息被传输至车载计算机系统，该系统运用先进的人工智能算法和大数据处理技术，对感知到的信息进行深度学习和智能决策，从而控制车辆的加速、刹车、转向等操作。

智能驾驶技术旨在实现车辆在特定或复杂道路环境下的自动化行驶，提高驾驶安全性、舒适性和效率，减轻驾驶员的驾驶负担。无论是城市拥堵路况下的自动跟车，还是高速公路上的自主巡航，智能驾驶均能让车辆像拥有智慧一样，自主、安全、高效地完成驾驶任务，为人们的出行带来更加便捷、舒适的体验，同时也预示着未来交通出行方式的巨大变革。

2. 智能驾驶的发展历程

1）早期探索阶段（20 世纪初—20 世纪中叶）

早在汽车诞生之初，人们就开始思考如何让汽车能够自动行驶。在这个阶段，一些科学家和工程师尝试通过机械装置来实现车辆的自动控制，如利用陀螺仪来保持车辆的稳定行驶方向。但由于当时技术水平有限，这些尝试只能算是初步的探索，距离真正的智能驾驶还有很大差距，如图 3-31 所示。

图 3-31　第一辆自动驾驶原型车

2）计算机技术助力阶段（20 世纪中叶—21 世纪初）

随着计算机技术的飞速发展，智能驾驶迎来了新的机遇。计算机能够处理更复杂的数据和算法，为车辆的自动化控制提供了更强大的计算能力。在这个时期，一些研究机构和汽车制造商开始研发基于计算机视觉和简单传感器的自动驾驶辅助系统，如自动紧急制动系统（AEB）和自适应巡航控制系统（ACC）。这些系统能够在一定程度上感知车辆周围的环境，并做出相应的反应，提高了驾驶的安全性和舒适性，如图 3-32 所示。

图 3-32　计算机芯片

3）人工智能融合阶段（21 世纪初至今）

进入 21 世纪，人工智能技术的兴起彻底改变了智能驾驶的发展格局。机器学习、深度学习等人工智能算法被广泛应用于智能驾驶领域，使车辆能够像人类驾驶员一样进行感知、决策和控制。如今，许多汽车公司和科技企业都在大力投入研发智能驾驶汽车，并且已经有部分自动驾驶汽车在特定场景下进行测试和运营，如图 3-33 所示。

图 3-33 智能汽车概念

3.2.2 智能驾驶的关键技术

智能驾驶技术旨在提高交通效率、减少交通事故、降低能源消耗，并为乘客提供更加安全、舒适和便捷的出行体验。智能驾驶的技术体系复杂而精密，主要包括以下几个关键技术，如图 3-34 所示。

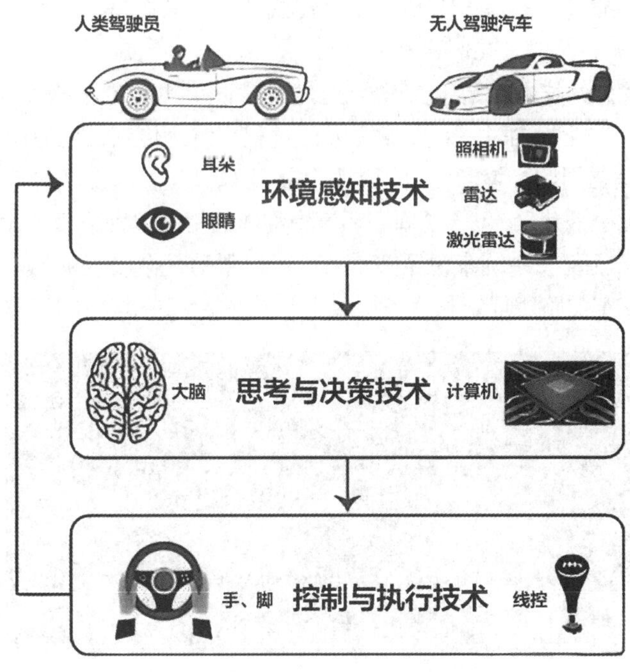

图 3-34 智能驾驶关键技术

1. 环境感知技术

智能驾驶中的环境感知技术，就像给汽车装上了一双“火眼金睛”。这项技术通过摄像头、激光雷达、毫米波雷达等多种传感器，让汽车能够像人一样“看”到并“理解”周围的世界，如图 3-35 所示。

图 3-35　环境感知技术的传感器种类

摄像头捕捉路面上的车辆、行人、交通标志等信息，激光雷达则发出激光束，测量周围物体的距离和形状。毫米波雷达则能在雨、雪、雾等恶劣天气中工作，探测到远处的物体。这些传感器收集到的信息，就像人类大脑接收到的来自眼睛、耳朵等感官的信号，汽车上的计算机系统会对这些信息进行综合分析，从而让汽车知道该加速、减速、转弯还是停车，确保驾驶既安全又顺畅。

简单来说，环境感知技术就是让汽车能够自主感知并应对复杂的交通环境。

在智能驾驶中，雷达扫描是一个非常重要的过程。雷达传感器向周围发射电磁波或激光信号，通过不停地扫描周围环境，测量周围物体的距离、位置和形状等信息，其就像给周围世界拍了一张三维的“照片”，包含了周围环境中物体的精确位置信息，如车辆、行人、路障等。这些信息对于智能驾驶系统来说至关重要，可以帮助其做出正确的避障、路径规划等决策，对于智能驾驶汽车的路径规划和障碍物避让至关重要，如图 3-36 所示。

图 3-36　雷达扫描形成的三维图像“雷达云”

通过车载传感器收集周围环境信息，包括道路状况、车辆位置、行人动态、交通标志等，为后续的决策提供依据。这些传感器如同车辆的眼睛和耳朵，能够实时捕捉并解析周围的交通环境。

车载摄像头就像智能驾驶汽车的眼睛，它能捕捉车辆周围的图像信息，如图 3-37 所示。通过计算机视觉识别技术，车载计算机系统能够“看懂”图像，并对图像进行处理和分析，识别出道路、交通标志、车辆、行人等物体。比如，可以通过摄像头拍摄的图像，识别交通信号灯的颜色，从而判断是否可以通行，如图 3-38 所示。

图 3-37　汽车摄像头视角拍摄的图片

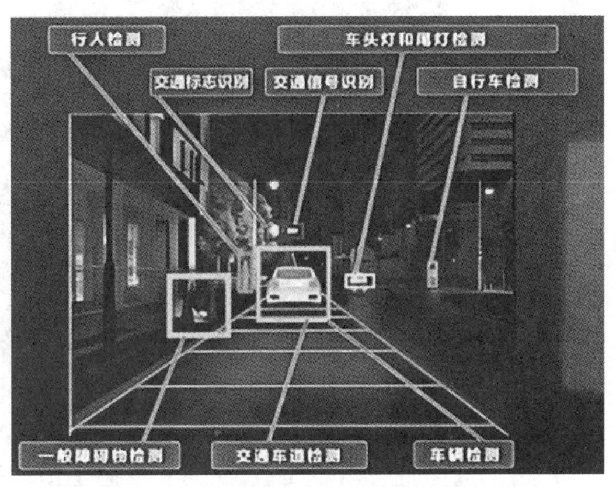

图 3-38　对拍摄照片进行视觉识别后的结果

2. 高精度地图与定位技术

智能驾驶中的高精度地图与定位技术，就像给汽车配备了一双“千里眼”和一个精准的“指南针”。

高精度地图跟普通的地图不同，它的精度更高，而且地图中包含的内容更丰富和详细。其就像一张超级详细的地图，不仅标注了道路的位置、形状，还包含车道线、交通标志、障碍物等丰富的细节信息，甚至能实时更新路况，比如哪里有施工、哪里有交通事故等，如图 3-39 所示。

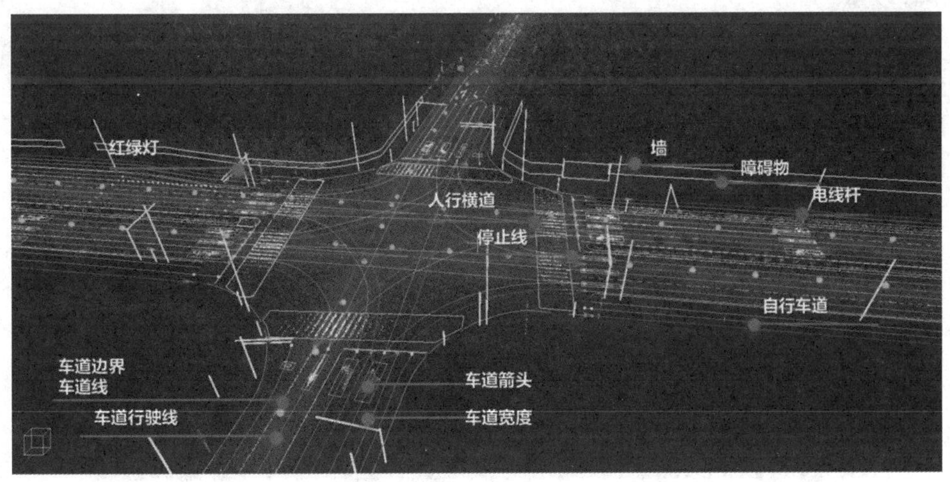

图 3-39　高精度地图示例

定位技术则是通过卫星信号、惯性导航等多种方式，精确汽车的位置，误差极小，如图 3-40 所示。当高精度地图与定位技术相结合，智能驾驶系统就能清楚地知道汽车所处的位置、周围的环境、前方的路况等，从而做出精准的驾驶决策。无论是自动驾驶还是辅助驾驶，高精度地图与定位技术都是不可或缺的，它们让汽车行驶得更加安全、智能和高效。

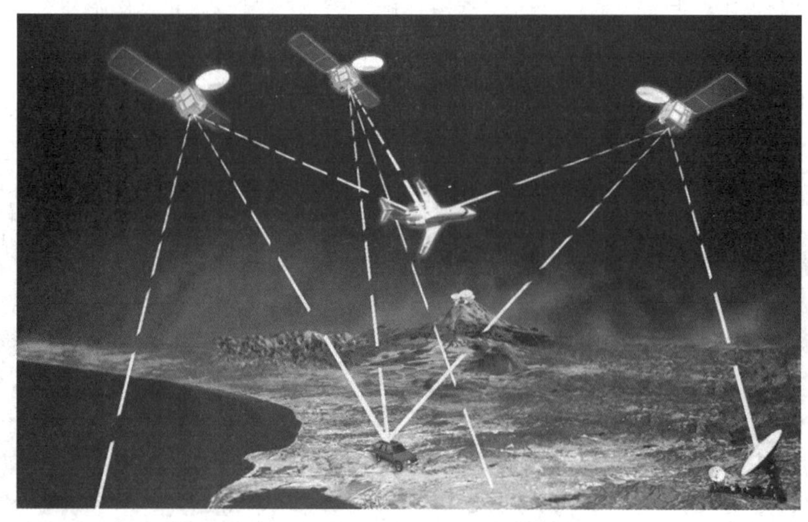

图 3-40 定位技术示意

3. 思考与决策技术

智能驾驶中的思考与决策技术，就像给汽车装上了一个聪明的“大脑”。这个“大脑”能够同时接收来自各种传感器（比如摄像头、毫米波雷达、激光雷达等）的信息，就像人用眼睛看、耳朵听来感知周围世界一样。然后，其会把这些来自不同传感器的信息“融合”在一起，形成一个全面、准确的周围环境认知。接着，基于这个认知，“大脑”会迅速思考并做出驾驶决策，比如是加速、刹车、转弯还是保持直行，就像人根据看到的情况来决定怎么走一样。这项技术让智能驾驶汽车能够灵活应对各种复杂路况，做出更加智能和安全的驾驶选择，如图 3-41 所示。

图 3-41 车载计算机上运行的思考与决策系统

4. 控制与执行技术

智能驾驶汽车需要通过控制与执行技术精确地控制车辆的加速、减速、转向等动作，以实现安全、平稳的行驶。车辆动力学控制涉及对发动机、制动系统、转向系统等的协调控制，如图 3-42 所示。

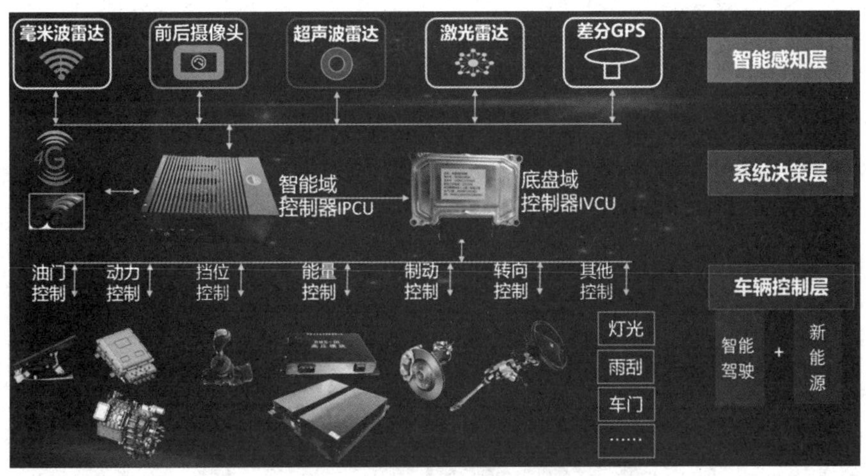

图 3-42 车载控制与执行系统

例如，在转弯时根据车辆的速度、弯道半径等信息，计算出合适的转向角度和车速，通过控制转向电机和制动系统来实现平稳转弯。

视野拓展

通过前面的学习，我们了解了智能驾驶的概念和关键技术，同样在智能驾驶领域还面临着一些挑战和风险。

1）技术可靠性：从“明驾”到“盲驾”的冒险

汽车刚被发明之初，驾驶员需要“人肉导航”——问路寻找目的地。如今，智能驾驶汽车有了各种高科技传感器，简直像长了“千里眼”和“顺风耳”。但是这些“超能力”也有打盹的时候。比如，摄像头可能被灰尘变成“近视眼”，雷达偶尔也会遇到信号干扰，来个“短暂失忆”。一旦这些“超能力”失灵，智能驾驶汽车就成了“盲驾”，安全隐患也就“悄然上线”，如图 3-43 所示。

图 3-43 智能汽车传感器故障

再来说说软件，智能驾驶汽车的软件就像一个庞大的“智慧大脑”，里面装满了各种复杂的代码。但是，再聪明的大脑也有“短路”的时候。比如，决策算法在某些极端情况下可能会突然“脑洞大开”，做出一些令人哭笑不得的驾驶动作。

2）复杂环境适应：从“天气通”到“环境大师”的修炼

智能驾驶汽车在恶劣天气下，就像一个“天气预报小白”遇到了大考。

暴雨、大雪、浓雾等天气就像给传感器戴上了一层“神秘面纱”，让其难以看清前方的路况。摄像头变成了“近视眼”，毫米波雷达和激光雷达也变得“迷迷糊糊”，如图 3-44 所示。这就像你在大雾中跑步，连自己的脚都看不清一样。说到特殊场景，智能驾驶汽车就像遇到了“情景剧大赛”，道路施工、交通事故现场等场景就是为智能驾驶系统出的一道道难题。虽然现在的技术还在“学习阶段”，但相信未来智能汽车驾驶一定能成为“环境大师”，轻松应对各种复杂路况。

图 3-44　恶劣天气给智能驾驶带来影响

3）法律法规与伦理道德：从“法庭风云”到“道德辩论赛”的跨界

智能驾驶汽车的出现，就像给交通法律法规界带来了一场“大地震”。比如，发生交通事故时，责任到底该谁负？是智能驾驶系统的开发者、车辆制造商，还是车辆所有者？这就像在玩“谁是卧底”游戏，大家都想找出那个“背锅侠”，如图 3-45 所示。

图 3-45　智能驾驶发生事故时难以认定责任方

再来说说伦理道德困境，智能驾驶汽车就像参加了一场“道德辩论赛”。比如，在不可避免的碰撞面前，是保护车内乘客还是行人？不过别担心，未来科学家们一定会找到更好的解决方案，让智能驾驶汽车在道德问题上也能“游刃有余”。

4）社会接受度：从“怀疑论者”到“忠实粉丝”的转变

说到公众信任，很多人对智能驾驶汽车就像“怀疑论者”一样，总是担心汽车会出现故障而导致交通事故。这就像你第一次尝试吃某种奇怪的食物时，心里总是忐忑不安。但其实，通过大量的宣传和教育，再加上实际的测试和运营数据来证明其安全性，智能驾驶汽车一定能赢得大家的信任。

3.2.3　人工智能在智能驾驶中的应用

1. 自动驾驶：让汽车拥有司机般的驾驶智慧

自动驾驶技术作为未来交通的重要发展方向，其核心在于让车辆能够像人类驾驶员一样，具备感知、思考、决策和执行的能力。其中，思考和决策环节是自动驾驶技术中的关键，而人工智能在这两个环节中发挥着至关重要的作用。

在思考环节，人工智能通过对海量数据的深度学习和分析，为自动驾驶汽车赋予了“智慧”。传统的驾驶决策往往依赖于交通规则和汽车驾驶员的逻辑，但面对复杂多变的交通环境，这些规则很难涵盖所有情况。而人工智能则能通过学习人类驾驶员的行驶习惯、交通规则，以及感知道路状况等，形成对驾驶行为的深入理解和认知。

在决策环节，人工智能会结合前面阶段学习的驾驶经验、当前道路状况及车辆状态等因素，为自动驾驶汽车规划出最优的驾驶方案。

例如，在高速公路上行驶时，自动驾驶汽车需要决定何时变道超车。人工智能会分析当前车道和前方车辆的速度、加速度以及距离等信息，判断变道超车的可行性和安全性。如果变道超车能够带来更快的行驶速度，并且不会对其他车辆造成安全隐患，那么人工智能就会做出变道超车的决策，如图 3-46 所示。

图 3-46　人工智能协助汽车在高速公路上自动驾驶

在城市道路行驶中，人工智能还需要处理更加复杂的交通情况。比如，在遇到行人横穿马路时，自动驾驶汽车需要迅速判断行人的行走轨迹和速度，并决定是否停车让行。人工智能能够准确识别行人的行为模式，并做出合理的决策，确保行人的安全，如图 3-47 所示。

图 3-47　人工智能协助自动驾驶处理城市复杂路况

2. 智能座舱：帮助驾驶员随时保持最佳的驾驶状态

驾驶员在路上驾驶汽车时最害怕什么呢？疲劳驾驶无疑是最重要的一项。当人疲劳时，反应会变慢，对路上的情况不能及时做出判断和处理。眼睛也会变得模糊，看不清楚前方的路，容易错过重要的交通标志，甚至可能把红灯看成绿灯，严重时，还可能会造成车辆失控，引发严重的交通事故。

人工智能与汽车座舱深度融合，会生成智能座舱系统。该系统通过先进的视觉 AI 技术，实现了驾驶员监测和车内环境监测等功能。系统能够实时检测驾驶员的面部表情、眨眼频率等，当驾驶员感到疲劳或分心时，系统会及时发出提醒，帮助驾驶员保持专注，预防事故的发生，如图 3-48 所示。

图 3-48 疲劳驾驶自动识别和报警

人工智能通过车载摄像头识别驾驶员的面部表情，判断驾驶员的情绪状态，并在车机屏幕上用表情符号表示喜悦、普通、烦躁、生气四种心情，并通过给出音乐、温度等座舱调节建议，帮助驾驶员调整情绪状态（见图 3-49）。同时，人工智能还能监测车内空气质量、温度等环境因素，当车内温度过高或过低时，系统会自动调节空调温度，为司机创造一个舒适的驾驶环境。

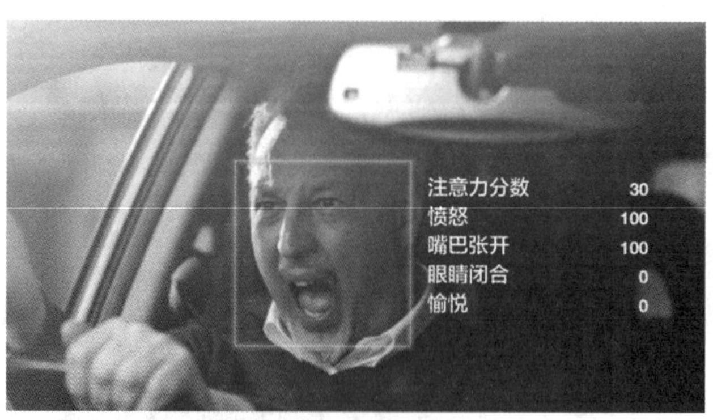

图 3-49 驾驶员情绪识别

人工智能通过识别汽车拍摄的外界道路交通标志牌，实时翻译用外语标记的标志牌，并解释其意义，确保驾驶员能够了解清楚道路规则（见图 3-50）。这对于国际旅行者或不熟悉当地语言的驾驶人员来说，尤为实用。

图 3-50　交通指示牌识别

3. 智能驾驶中人工智能相关岗位

智能驾驶的普及就像给传统驾驶职业带来了一场“失业危机”。历史总是充满“转机”。就像当初汽车出现时，马夫也曾担心失业，但最终汽车产业的发展创造了更多的就业机会。所以，智能驾驶的发展也一定会带来新的职业和产业机遇。

1）数据标注员

人工智能就像一个孩子，并不是天生什么都会，需要有人不断教它“辨认”和“学习”。

数据标注员使用专业的标注工具，对智能驾驶中收集到的图像和视频数据进行图像标注，如在图像上标注出车辆、行人、交通标志等关键信息，然后把这些图片输入人工智能系统，让人工智能系统不断学习，如图 3-51 所示。

图 3-51　数据标注员在图像上标注出各类交通标识

数据标注员需要熟悉智能驾驶数据标注的流程和规范，能够准确、高效地标注图像、视频等数据，掌握常用的数据标注工具。

2）数据工程师

数据工程师利用大数据处理技术和工具，对智能驾驶产生的传感器海量数据进行收集、清洗和整理，为人工智能算法的训练和优化提供高质量的数据支持，如图 3-52 所示。

图 3-52　数据工程师进行数据整理和分析

数据工程师熟悉大数据处理技术和工具，能够进行智能驾驶数据的收集、清洗和整理，掌握数据挖掘和数据分析的方法。

案例实训

智能驾驶初体验

智能驾驶技术通常被划分为 L0 ~ L5 六大等级，由低至高分别定义为人工驾驶、辅助驾驶、部分自动驾驶、条件驾驶、高度自动驾驶和完全自动驾驶。自动驾驶技术通常从 L3 级开始被称为自动驾驶，包括有条件的自动驾驶、高度自动驾驶及完全自动驾驶等级别。

国内主要的自动驾驶平台包括百度 Apollo、华为 ADS、小鹏汽车 XPILOT、AutoX 等。百度 Apollo 自动驾驶平台由四个层面构成：硬件平台、开源软件平台、参考车辆平台和云服务平台。开源软件平台是核心，包括高精度地图、定位、感知、预测、规划和控制等模块，通过协同工作实现对车辆的控制和导航，如图 3-53 所示。

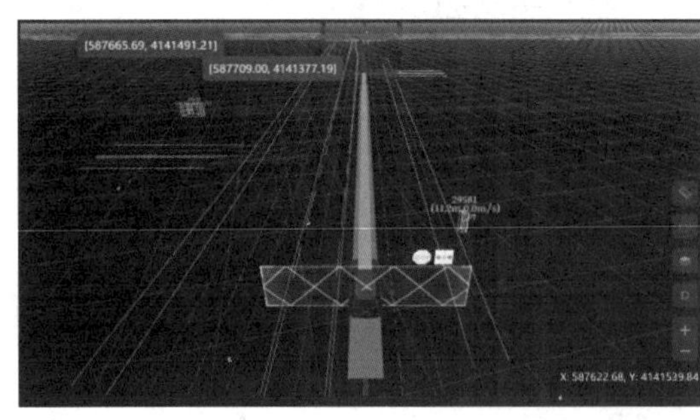

图 3-53　百度 Apollo 自动驾驶体验平台

百度 Apollo 自动驾驶体验平台，在体验自动驾驶技术时，请务必遵守相关规定和指示，确保自身安全。由于自动驾驶技术仍在不断发展和完善，因此在线体验或实际乘坐过程中可能会遇到技术上的限制或挑战，需要保持耐心和理解。

结合以上案例进行测试与分析，如表 3-3 所示。

表 3-3　“智能驾驶初体验”试验表

<table>
<tr><td colspan="2">基本信息
活动名称：智能驾驶初体验
活动日期：________________
参与者姓名：________________</td></tr>
<tr><td>试验内容</td><td>在智能驾驶车辆行进过程中会遇到很多问题，如规划路径、定位信息、躲避障碍物等。为了帮助大家对智能驾驶过程有更好的体验，本试验将使用百度 Apollo 内置应用程序展示的智能驾驶图来体验自动驾驶的重要环节。</td></tr>
<tr><td>试验目的</td><td>体验智能驾驶的过程。</td></tr>
<tr><td rowspan="2">试验流程</td><td>智能驾驶图 1。
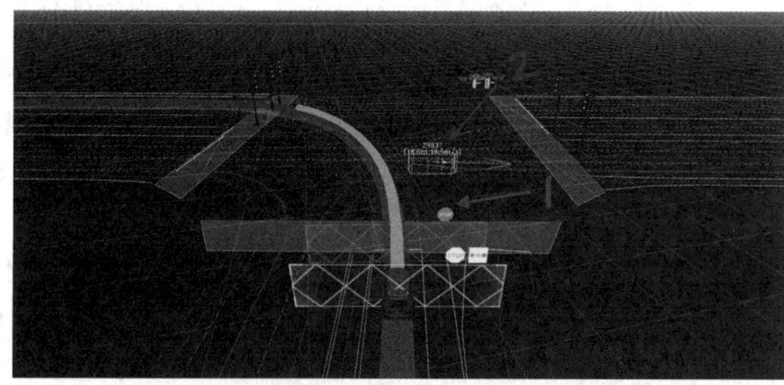</td></tr>
<tr><td>智能驾驶图 2。
</td></tr>
<tr><td colspan="2">试验结果分析
观察智能驾驶图 1，图中红色箭头 1 和蓝色箭头 2 分别代表的含义是什么？
观察智能驾驶图 2，对比自动驾驶图 1，发生了什么？
查阅资料并讨论智能驾驶躲避障碍物的方式有哪些？</td></tr>
<tr><td colspan="2">拓展思考
1. 在这次智能无人驾驶初体验活动中，你最大的感受是什么？
____
2. 你对人工智能与人类智能的界限有了怎样的新认识？
____
3. 你认为这次活动对参与者的意义是什么？
________________________________</td></tr>
</table>

3.3 智能安全的保障——从门禁识别到智能安全系统

人工智能与安全技术的结合，正逐渐改变我们对安全的认知和体验。人工智能的加入，让安全系统变得更加“聪明”。它不再只是简单地记录或报警，而是能够主动学习、分析、判断，甚至预测可能存在的安全风险。

智能安全系统，就像一个不断学习和进步的“安全守护者”，时刻保护着我们的安全。

探索发现

宿舍安全监控，让小明有了安心的生活环境

小明是一所中职的在校生，他所在的宿舍楼每天人来人往。以前宿舍楼的出入一直依靠楼管阿姨管理，但是由于楼中住的学生较多，单靠楼管阿姨根本顾不过来，总是会有不明身份的人员混入宿舍楼。看着宿舍门缝中总是莫名其妙地出现“校园贷”等非法宣传小卡片，小明和室友都很担心宿舍安全。

学校为了保障学生的安全，也尝试给每个宿舍楼安装了门禁。但是每次进出宿舍楼都要刷卡，小明有好几次因忘记随身带卡而不能进入宿舍楼，实在有些麻烦。

不过，最近学校安装了一套智能人脸识别滚闸门安全监控系统（见图 3-54），这让小明眼前一亮。

图 3-54　人脸识别滚闸门安全监控系统

现在，每当他靠近滚闸门时，高清摄像头就会自动捕捉他的面部图像，然后滚闸门便自动开启，让他顺利进出。整个过程既快速又方便，再也不用担心忘记带卡无法进出了。

小明通过观察和体验，发现这套门禁系统真的很智能。其不仅能够准确识别每位老师及学生的身份，还能实时记录进出人员的信息。更强大的是，滚闸门还具备闯闸自动检测及警报功能。要是有人想尾随进入，或者想硬闯进入，滚闸门就会立刻发出报警并且通知楼管阿姨和保安。那些不明身份的人员再也无法轻易混入宿舍楼，这让小明和室友感到安心。

更重要的是，这套系统还大大提高了监控效率，如图 3-55 所示。以前，宿舍楼管阿姨需要花费大量时间和精力监控人员进出，而现在，她只需通过手机就能轻松掌握宿舍楼的人员进出情况。这减轻了楼管阿姨的工作负担，让她能够腾出时间去做其他重要的管理工作。

图 3-55　宿舍安全监控大数据可视化平台

小明还发现，这套系统之所以这么智能，全靠人工智能技术。通过不断训练和优化人脸识别算法，系统能够逐渐提高识别的准确性和速度，遇到阴雨天气仍然能准确识别进出的师生。

有一次，小明的父亲跟其一起进入宿舍楼搬行李，系统就自动触发了尾随警报并通知了宿舍楼管阿姨。楼管阿姨确认小明的爸爸是因特殊情况才需要进入宿舍楼，就让小明的爸爸用手机补办了入楼申请，不到两分钟就完成了单次进出宿舍楼的授权（见图 3-56）。这次经历让小明更加深刻地感受到智能安全系统的神奇之处。

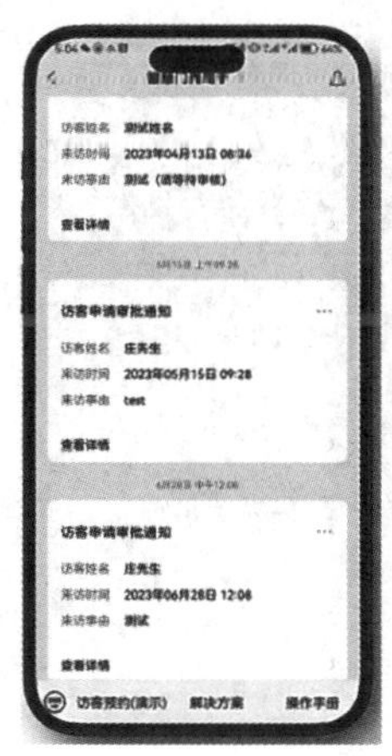

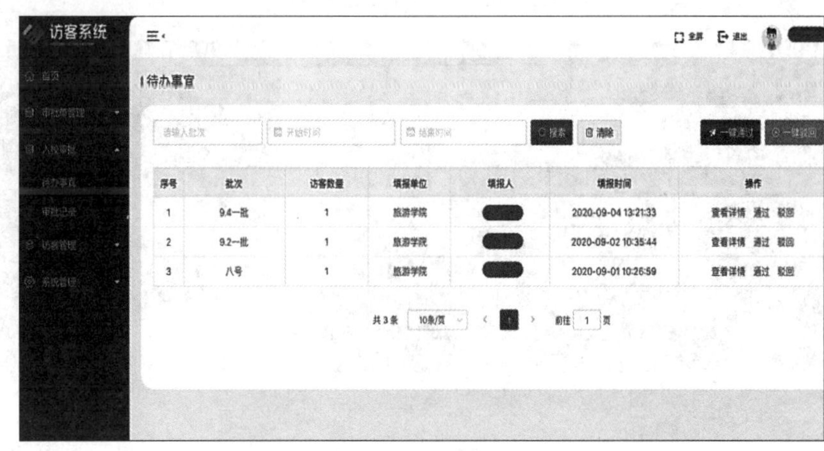

图 3-56　宿舍访客进入手机申请和系统审批

这套智能人脸识别滚闸门安全监控系统不仅提高了宿舍进出效率，还大大降低了安全隐患。小明觉得，这就是科技的力量，让我们的生活变得更加美好和安心。他相信，在未来的日子里，人工智能技术还会在学校里发挥更大的作用，让校园生活变得更加智能和便捷。

思考或讨论

在上述宿舍智能安全管理场景中，我们跟随小明一起体验了多项进出智能化安全防护环节。请结合以上具体场景，深入探讨，其中用到了哪些人工智能技术？

知识准备

3.3.1 什么是“智能安全系统”

1. 安全系统的发展：从门禁到智能安全

安全系统历经演变，从最初的门锁到电子门禁，再到如今的智能安全系统。科技的每一次进步，都使安全防护更加高效和智能。

1）古代门锁阶段（约公元前 3000 年）

《辞源》曰：“锁，古谓之键，今谓之锁。”从远古时期，我们的祖先就已经懂得用绳索打结，并搭配一种叫作骨锥的工具来挑开的结绳锁具，这便是锁和钥匙的雏形，也可以说是中国最早的安全设备，如图 3-57 所示。

图 3-57　中国最早的结绳锁具

据传，第一个给锁装上机关的人是鲁班，他利用两片板状弹簧的弹力来工作，这种弹簧至今仍在现代锁中使用。汉代时，人们发明了铜质簧片锁（三簧锁），金属锁开始走进人们的生活，保密性和安全性得到了加强。

这一阶段的门锁主要是机械结构，依靠物理障碍来防止入侵，技术相对简单。代表性安全设备：木质锁、三簧锁，如图 3-58 和图 3-59 所示。

图 3-58　木质锁

图 3-59　三簧锁

2）近代萌芽阶段（19 世纪末—20 世纪初）

1959 年，故宫博物院发生盗宝案。但由于当时故宫没有安全监控设备，警方在勘查现场时遇到了极大的困难，甚至无法确定盗窃发生的确切时间。虽然案件得以侦破，但是这次事件不仅造成了巨大的文物损失，而且促使国家开始重视安防技术的发展。

故宫旧照如图 3-60 所示。

为了加强故宫的安防措施，防止类似事件再次发生，北京市公安局刑事科学技术研究所研制了我国第一套安防系统——晶体管监听报警设备。

研究员在故宫的门锁和窗栓上，加装了磁簧触点、微动开关等物理传感器，当有人闯入触发传感器后，会发送信号给晶体管电路，电路接收到信号后，会驱动报警器发出声音警报，如图 3-61 所示。

代表性安防设备与技术：晶体管监听报警设备。

3）早期发展阶段（20 世纪 70 年代末—90 年代末）

随着电子技术的发展，磁卡、IC 卡等电子锁具开始逐渐取代机械锁，门禁系统开始实现电子化。磁卡门禁系统通过读卡器读取人员携带的磁卡信息，进行身份验证和开门控制，相较于机械锁具，提高了安全性和便捷性，如图 3-62 所示。

同时，这一阶段开始出现视频监控系统。视频摄像机就像人类的眼睛一样，可以 24 小时进行监控，如图 3-63 所示。但是，受限于技术的落后，这一时期拍摄的视频画面非常模糊，且存储时间也较短。

也是在这一阶段，安全系统在传统的门禁技术基础上，开始加入视频监控技术和传感技术，形成了综合安全系统，增加了安全系统的监测范围。

代表性安防设备与技术：摄像机、红外传感器。

4）中期发展阶段（21 世纪的第一个 10 年）

进入 21 世纪，随着生物识别技术的逐渐成熟，安全技术迎来了新的变革。国内企业在这一阶段不断开拓进取，自主研发高清摄像头和物联网传感器技术，推动了安防系统的整体升级。

图 3-60　故宫旧照

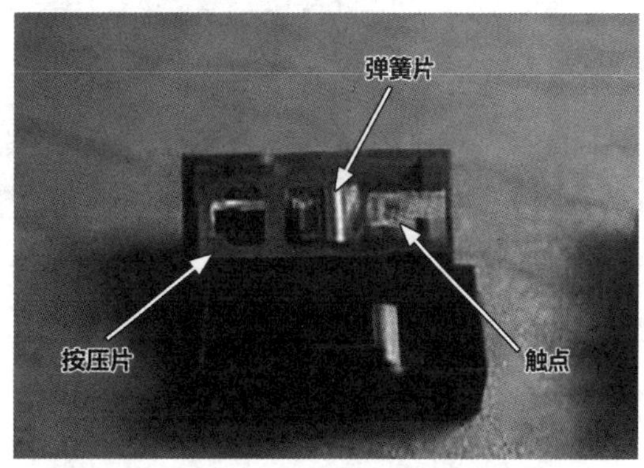

图 3-61　磁簧触点传感器

图 3-62　磁卡门禁机

图 3-63　工人安装视频监控摄像机

门禁技术也融入了高清摄像头和传感器，指纹识别、人脸识别等生物识别技术开始被应用于门禁系统，这些技术利用人体固有的生理特征进行身份验证，大大提高了门禁系统的安全性和准确性，如图 3-64 所示。

图 3-64 人脸识别门禁机

代表性安防设备与技术：网络高清摄像头、各类物联网传感器（如烟雾、玻璃破碎等）。

5）智能安全阶段（2017 年至今）

近年来，随着物联网、云计算、大数据、人工智能等技术的快速发展，安全技术进入了全新的智能化阶段。

智能安全系统增加了轨迹追踪、车牌识别、异常行为识别等多种识别和分析能力，智能传感器组成物联网传感器网络，实时监测环境中的各种变化的同时，人工智能技术还可以对传感器收集到的数据进行深度分析和处理，从而更准确地识别和分析出潜在的安全隐患，如图 3-65 所示。

这一阶段的代表性安全技术：人工智能、大数据分析。

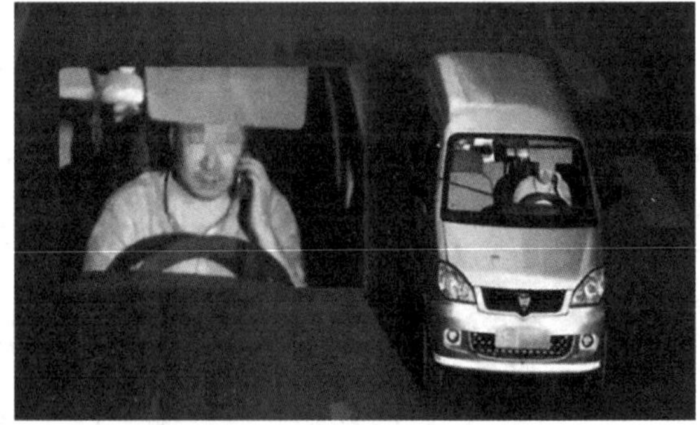

图 3-65 未戴安全帽和不系安全带的异常行为识别

2. 智能安全系统的运行机制

首先，智能安全系统需要能够感知到周围环境（基础层），其用高清摄像头当作“眼睛”来采集视频图像数据，还将各种传感器当作“嘴巴”“鼻子”“耳朵”“皮肤”来采集和感知周围环境的温度、气味、声音等数据，如图 3-66 所示。

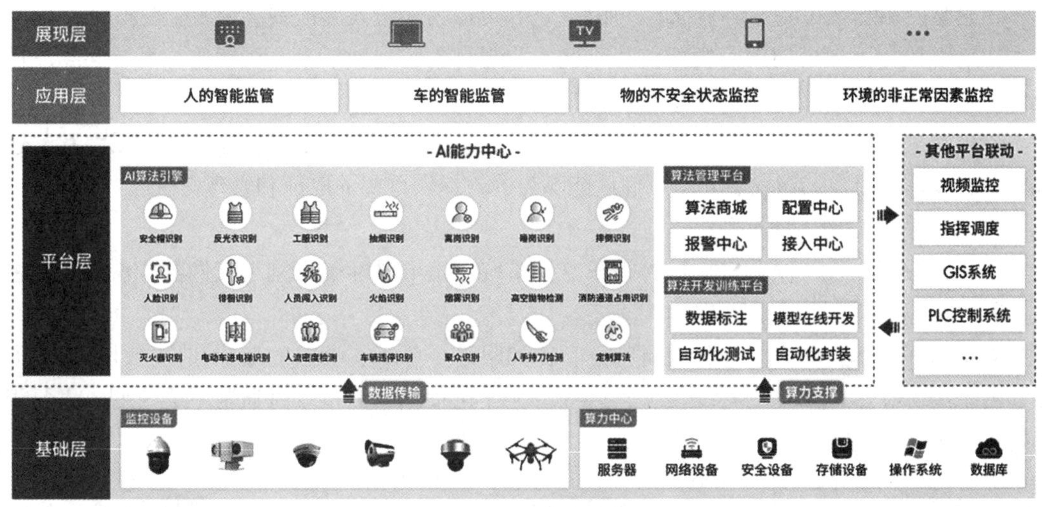

图 3-66　智能安全系统的运行机制

然后，这些外部采集到的数据会被送到一个强大的"大脑"（平台层）——人工智能算法模型中进行分析。这个"大脑"能够通过不断地训练和学习来识别外界环境的异常情况，从而发现可能对我们构成安全威胁的行为。

一旦发现有异常的情况，智能安全系统就会立刻采取行动。其会采取一些措施阻止威胁，如根据现场的具体情况规划人员撤离路线，或者自动拨打呼叫 110（应用层），也会发出警报（展现层），通知我们注意。

智能安全系统就像我们身边的一个"智能保镖"，不仅可以代替人工 24 小时"不眠不休"地开展风险监控，减轻安防人员的工作量和负担，而且可以成为安防人员的"大脑"，帮助安防人员做好各种危险情况的预防方案和应对方案，提高安全防护的效率和准确性。

3.3.2　智能安全系统的构成及关键技术

智能安全系统一般由以下几个部分构成。

1. 视频监控系统

通过在物理场所中安装高清摄像头，实现对重点目标区域的实时视频图像监控，捕捉并记录现场情况，且将监控画面传输到监控室的监控大屏和中央处理系统，如图 3-67 所示。

图 3-67　监控视频信号实时显示在监控室的大屏上

视频监控系统是智能安全系统的“眼睛”，其可以为安防人员提供直观的监控画面。

如果不法分子知道周围有视频监控，就不敢明目张胆地做坏事。视频监控系统起到事前威慑和监督的作用，对安全风险具有防范作用。

如果不法分子不知道周围有视频监控，做了坏事也跑不掉，视频监控系统可以保存长达数天乃至数月的视频，在发生安全事件后能够为警方提供重要的取证和管理信息。

关键技术：人脸识别技术

为什么我们化妆或佩戴口罩后，视频监控系统还是可以准确识别出我们的身份呢？这主要是因为人脸识别技术很“聪明”。

人脸识别技术会捕捉人脸的关键特征，比如眼睛、鼻子、嘴巴的形状和位置，以及它们之间的距离等，生成面部的特征模型，这些特征在化妆或佩戴口罩时通常不会改变。人脸识别过程如图 3-68 所示。

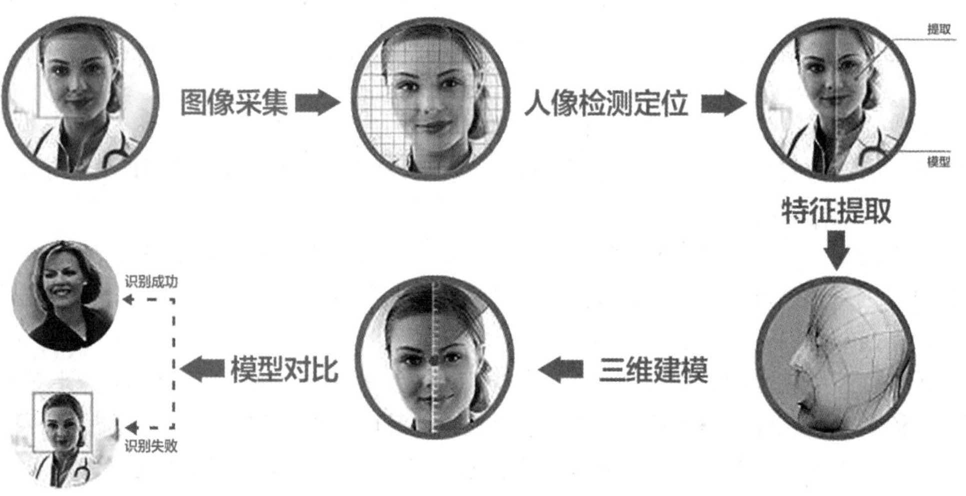

图 3-68　人脸识别的过程

化妆时，无论是淡妆还是浓妆，只要没有大规模改变面部特征，人脸识别系统都能通过提取和分析这些关键特征识别出身份。

佩戴口罩时，虽然遮挡了嘴巴和鼻子，但眼睛、眉毛、额头等部位仍然可见。人脸识别系统会重点分析这些未被遮挡的部位，并结合之前学习到的面部特征进行身份识别。

2. 环境感知系统

环境感知系统能够通过各式各样的传感器，实时感知周围环境中的各种信息，比如温度、湿度、光线、声音，甚至人体的生命迹象等（见图 3-69）。这些传感器就像一个个小型的“情报站”，它们分布在各个隐蔽的角落，不断收集周围环境的数据，并将这些数据传输给智能安全系统的“大脑”——中央处理系统。

关键技术：传感器技术

传感器是一种感知设备，其就像人的五官，能“看到”光、“听到”声音、“感受到”温度和压力等。传感器可以将感受到的这些物理量转换成电信号，这样我们就可以使用电子设备处理和显示这些信息。

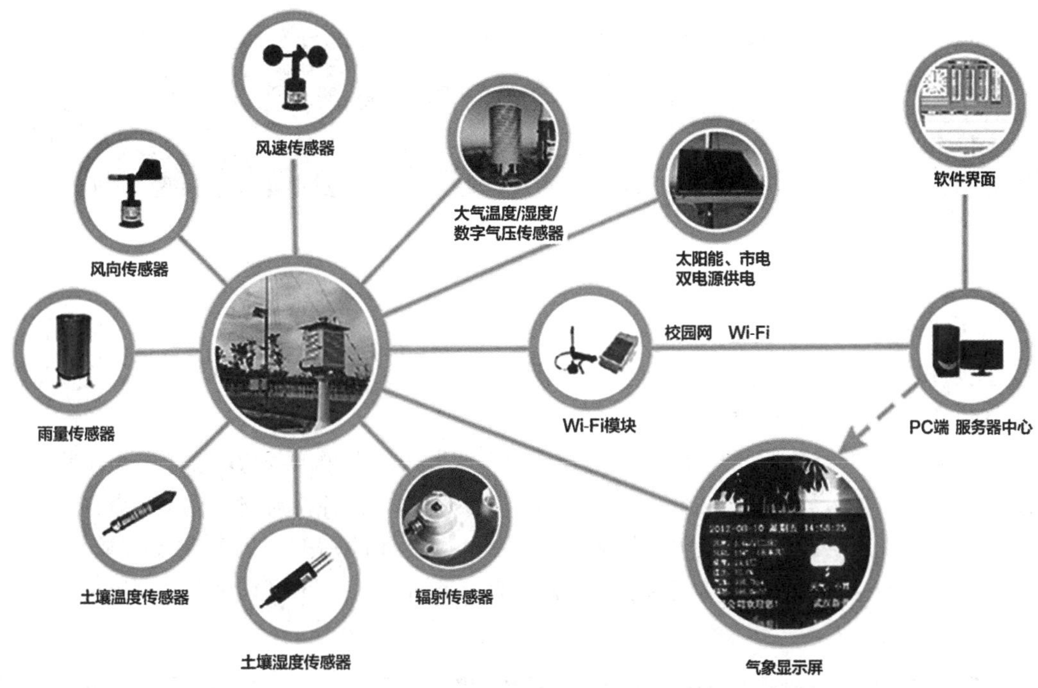

图 3-69 让人眼花缭乱的物联网感知设备种类

下面通过介绍一种红外防入侵探测传感器，大家就会对传感技术的工作“豁然开朗”。

红外防入侵探测传感器就像一道无形的警戒线，其发射红外光线，形成一道肉眼不可见的红外线光幕。当有人或物体穿过光幕时，会阻挡红外线的正常传输，接收器无法接收到信号，从而触发警报，如图 3-70 所示。

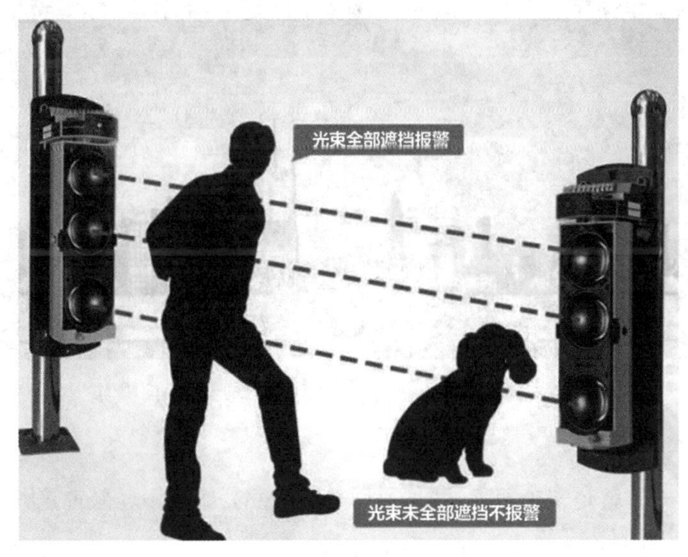

图 3-70 红外防入侵探测传感器的工作原理

这种传感器广泛应用于住宅小区、学校、仓库等需要防范非法入侵的场所，能够实时监测入侵行为，隐蔽性强，防范距离远，是安全防范的好帮手。其应用场景如图 3-71 所示。

周界围墙

阳台防盗

道闸信号

大门防盗

图 3-71　应用场景

3. 中央处理系统

中央处理系统是运行在服务器中的软件系统，其就像人类的大脑，利用先进的人工智能技术，让整个安全系统变得更加聪明、高效和可靠。

简单来说，中央处理系统负责接收视频监控系统发送的视频信息和环境感知系统收集的各类外部数据，通过其内置的人工智能算法模型，处理和分析各种与安全相关的数据，然后做出智能化的决策。比如，其接收到摄像头捕捉到的人群面部图像，“人工智能大脑”可以迅速识别出人员的身份，判断其中是否有犯罪嫌疑人（见图 3-72）。其还能够分析视频中的人员活动，识别异常行为，如有人在公共区域长时间徘徊、打架等动作，及时发出警报。

图 3-72　人工智能在茫茫人海中精确识别每个人的身份

4. 智能报警系统

最早的报警形式，就是“扯着嗓子吼”，后来逐步发展成敲锣、敲钟这种传播范围更远的报警形式。

近代，随着电气技术的兴起，逐渐出现了声光电报警、电话报警等报警形式，一直发展到现在的智能报警系统，经历了从简单到复杂、从人工到自动、从单一功能到多功能的演变过程，如图 3-73 所示。

图 3-73　声光电报警→电话报警→按键报警直达 110

智能报警系统通过对接视频监控系统和环境感知系统，识别人员非法闯入、物品失窃、有害气体泄漏、火灾等一系列异常事件，并针对不同的事件、不同的人群，自动选择拨打110、群发短信、拉响警报等不同的报警方案，自主发出报警信号，如图 3-74 所示。

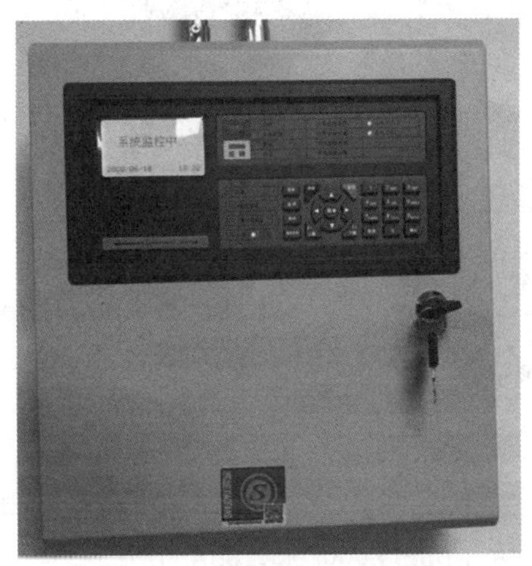

图 3-74　自动识别监控数据的智能报警系统

3.3.3　人工智能在智能安全系统中的应用

1. 行为识别：安全风险的主动预警

随着时代的发展，安全威胁日益复杂化，校园霸凌、高空抛物、电动车自燃等安全事件频频发生，传统的安全系统由于依赖人工识别和判断，响应慢、效率低，逐渐显现出局限性，难以预防和及时防范突发性意外事件。

人工智能技术为安全系统的升级和转型提供了重要的技术支撑。其中，AI 行为识别技术可以弥补人为安防的缺陷，使安防从被动防御变为主动预警，安全系统正在从“看得见”步入“看得懂”的智能化时代。

什么是 AI 行为识别技术呢?

AI 行为识别，是指人工智能从视频中自动识别和分析人类正在进行的行为。简单来说，就是智能识别出视频中有没有人、有哪些人、这些人在干什么。

那么人工智能是怎么做行为识别的呢？

原来人工智能是通过视觉分析技术，判定视频中是否有人出现，然后把视频中的人简化成“人形骨架”，再分析“骨架”的运动轨迹，从而识别人物的动作是否有异常情况（见图 3-75）。比如，两个人的“手臂骨架”互相有快速推动和伸直行为时，那么人工智能就判定这两个人正在打架。其工作原理很简单。具体的 AI 行为识别技术的工作原理如图 3-76 所示。

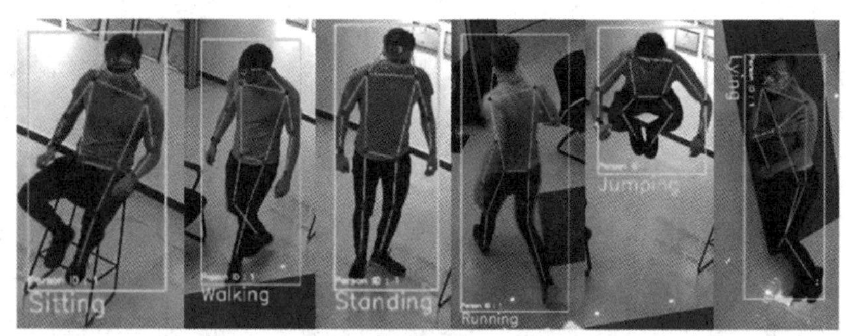

图 3-75 行为识别技术将人物抽象成“人形骨架”

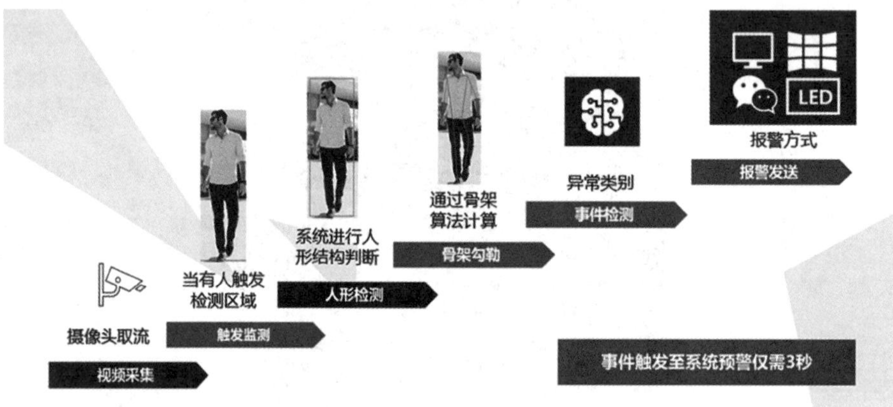

图 3-76 AI 行为识别技术的工作原理

AI 视觉分析技术推动了安全系统在不同应用场景的智慧升级，如人脸识别、摔倒识别、高空抛物识别、攀爬识别等，如图 3-77 所示。

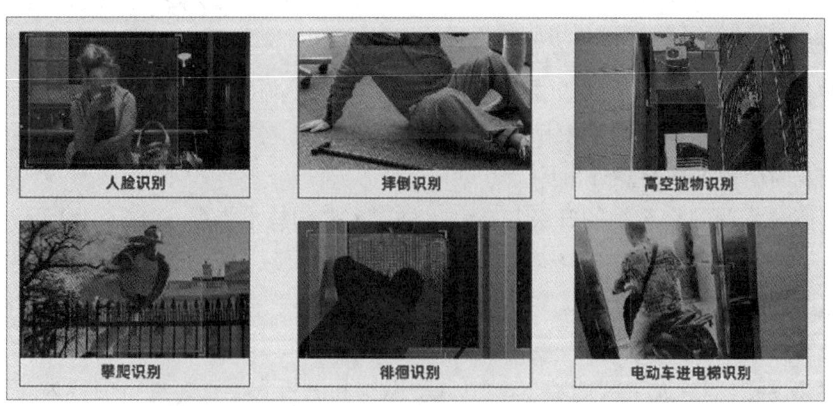

图 3-77 常见的行为识别内容

监控摄像头从“被动”到“主动”识别，可以实时监测预警特定区域的不安全状态，更高效地消除和发现安全隐患。

2. 天网恢恢：城市上空的无形守护神

中国有句老话“天网恢恢，疏而不漏”。在繁华的都市丛林中，就有这样一张无形的网，它悄无声息地覆盖着每一个角落，用科技的力量守护着城市的安宁。这张网，就是我们常说的“天网工程”，一个集高科技、智能化于一身的国家级智能视频监控系统，它如同城市的守护神，时刻警惕着一切可能威胁公众安全的行为。

天网工程并非科幻电影中的虚构产物，而是实实在在存在于我们生活中的安全屏障，那些高高悬挂在路灯杆、建筑物上的监控摄像头，就是天网工程的“眼睛”。它们 24 小时不间断地注视着城市的每一个角落，用镜头记录下发生的一切，如图 3-78 所示。

图 3-78　加入天网工程的各类摄像头

这些摄像头数量众多，功能强大。更神奇的是，它们还融入了人脸识别等智能技术，就像拥有了一双“慧眼”，能够迅速锁定目标人物，无论是逃犯还是失踪人员，都逃不过它们的“法眼”。即使犯罪嫌疑人已经潜逃多年，只要他们曾经出现在监控范围内，天网工程就能追溯目标人物的行动轨迹，帮助警方找到线索，将犯罪分子绳之以法，如图 3-79 所示。

图 3-79　违法人员行为轨迹追踪

天网工程的“大脑”，则是一个庞大的数据处理中心。这里汇聚了来自成千上万个摄像头的海量信息，通过高速的网络传输和先进的数据处理技术，这些信息被迅速分类、整理、分析。一旦有可疑情况发生，系统就会立即给警方发出警报。

无论是白天还是黑夜，无论是繁华的商业区还是偏远的郊区，天网工程都在默默地守护着我们的安全。它是城市上空的无形守护神，让犯罪分子无处遁形，用科技的力量守护着我们的安宁。

案例实训

智能安全技术对社会公共安全的影响

在娱乐圈中，张学友不仅是歌神，还有个外号叫“逃犯克星”。这可不是空穴来风，每当张学友开演唱会，警察叔叔似乎总能“意外”收获几位“特殊观众”。今天，咱们就来了解张学友演唱会上那些让人捧腹又拍案叫绝的抓捕故事，以及背后人工智能的神奇作用。

时间回溯到 2018 年，河北石家庄的奥体中心灯火辉煌，张学友的“经典巡回演唱会”正在火热上演。然而，在这欢乐的氛围中，石家庄的警察叔叔却保持着高度警惕。

原来，在演唱会开始前，警方就已经通过技术手段对入场观众进行了严格的筛查。当晚 7 点半左右，经过一系列的比对和辨认，警方锁定了两名涉嫌贩卖毒品的逃犯——申某某和宋某某。刑警迅速行动，经过近两个小时的仔细查找，终于在人群中将他们成功抓获。

而这场抓捕行动还没完呢！就在当晚 8 点左右，警方又发现了一名涉嫌故意毁坏财物的逃犯齐某某也在现场。齐某某还在幻想着能安安静静地听场演唱会，结果却等来了一副冰冷的手铐。就这样，张学友的石家庄演唱会又喜提“三杀”，网友们纷纷调侃：“张学友，你到底是来开演唱会的，还是来抓逃犯的？”

其实，这已经不是张学友演唱会第一次上演这样的“抓捕大戏”了。在南昌演唱会上，警方就利用智慧安保人像识别功能，成功锁定并抓获了一名涉嫌经济案件的逃犯敖某。敖某当时还穿着西装，带着妻子和朋友一起来看演唱会，结果却成了“瓮中之鳖”。

类似的故事还有很多，张学友的演唱会似乎变成了警察叔叔的“抓捕现场”。据统计，仅仅在 2018 年上半年，就有多位逃犯在张学友的演唱会上落网，张学友也因此获得了“逃犯克星”的美誉。

结合以上案例进行讨论与分析，如表 3-4 所示。

表 3-4 “智能安全技术对社会公共安全的影响”讨论表

<table>
<tr><td colspan="2">基本信息
活动名称：智能安全技术对社会公共安全的影响
活动日期：________________
参与者姓名：________________</td></tr>
<tr><td>讨论内容</td><td>张学友演唱会上每一次成功抓捕的背后，都离不开人工智能技术的强大支持。而警察叔叔与 AI 的联手大作战，也让我们看到了科技在维护社会治安、打击违法犯罪方面所发挥的重要作用。下面我们一起讨论，警察叔叔是怎样在茫茫人海中精准锁定逃犯的呢？</td></tr>
</table>

续表

<table>
<tr><td>讨论目的</td><td>感受智能安全技术对社会公共安全的影响。</td></tr>
<tr><td>讨论流程</td><td>1. 观察张学友演唱会安检门处的智能监控照片。

2. 观察警方智能安全监控中心的在逃人员比对照片。

</td></tr>
<tr><td colspan="2">讨论结果分析
观察智能监控照片，小组讨论图中摄像头拍摄的是人群中人物的什么部位？
观察警方监控中心比对照片，小组讨论警方收集摄像头拍摄图像后比对的是什么？
小组讨论，监控摄像头拍摄到的图像是如何传输到警方监控中心的？
小组讨论，警方是如何实现在逃人员的身份确认的？</td></tr>
<tr><td colspan="2">拓展思考
1. 在这次智能安全技术的讨论中，你最大的感受是什么？
____
2. 你还知道在校园的哪些地方有智能安全技术的应用？
____
3. 思考无处不在的智能安全技术应用对人的心理震慑作用是什么？
______________________________</td></tr>
</table>

3.4 智能制造的变革——重塑工业生产新风貌

制造业作为国民经济的基石，正在面临前所未有的挑战。传统制造业往往依赖大量人力，伴随国内生活水平的提高和人口老龄化浪潮的到来，传统依靠大量工人的劳动密集型制造业的生产效率受到限制，生产成本不断上升。而人工智能技术的迅猛发展，为制造业带来了前所未有的变革机遇。

随着技术的不断进步，智能制造将成为行业主流，推动制造业从“制造”向“智造”产业转型升级。这将不仅提升我国制造业的国际竞争力，而且开启了制造业发展的新篇章。

探索发现

小强初入职场，智能制造震撼心灵

小强是一名机械自动化专业的优秀毕业生，怀揣着对制造业的深切向往与满腔热忱，终于踏入了他心仪已久的智能制造企业大门。初入职场的第一天，他心情复杂，紧张中夹杂着难以掩饰的兴奋，仿佛即将揭开职业生涯的新篇章。

刚步入车间，小强瞬间被眼前的壮观景象深深吸引。一排排机械臂在空中舞动着优美的轨迹，它们以惊人的精确度抓取、组装零件，整个过程行云流水，几乎没有丝毫停顿，展现出了智能制造的高效与精准。与此同时，智能 AGV 在地面上灵活自如地穿梭，仿佛拥有自我意识，精准无误地将物料运送到每一个指定位置，为生产线的流畅运行提供了坚实保障，如图 3-80 和图 3-81 所示。

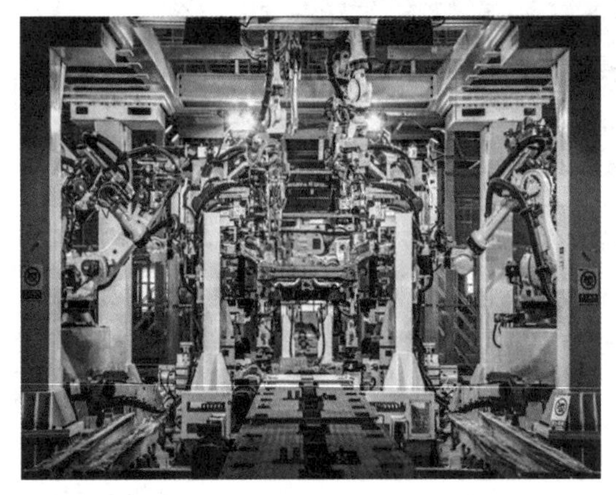

图 3-80　使用智能机械臂的自动生产线

图 3-81 使用搬运机器人的智能仓库

在工厂的中心控制室，一块巨大的 LED 显示屏尤为引人注目。屏幕上实时滚动着生产数据、设备状态、库存情况等各类信息，这些数据通过先进的物联网技术自动采集，并以直观的图表形式展现在管理者面前（见图 3-82）。通过这套高效的监控系统，管理者能够迅速洞察生产全貌，及时做出精准决策，从而不断优化生产流程，大幅提升了生产效率。

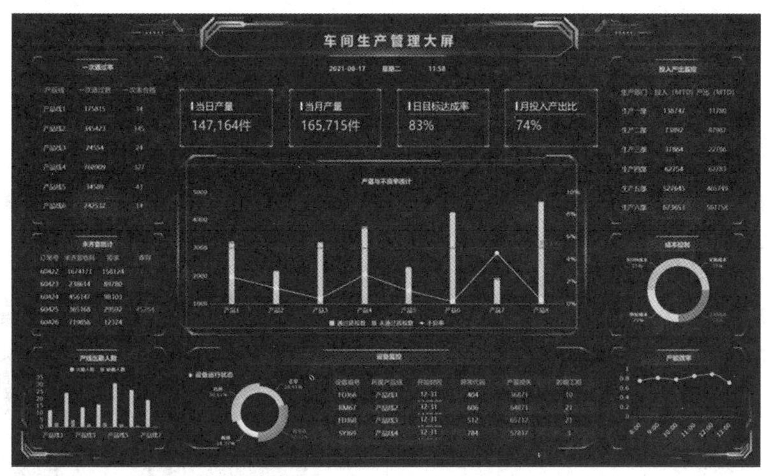

图 3-82　智能工厂运行情况监控大屏

而在生产线的末端，智能质量检测环节更是让小强大开眼界。在这里，每一件产品都要经历全方位、多角度的严格检测，确保质量无瑕。让小强更为惊讶的是，整个检测过程中，他几乎看不到工人的身影，一切都由智能设备自动完成，如图 3-83 所示。

图 3-83　无人智能质检车间

“这简直太神奇了！”小强不禁喃喃自语，他的眼睛睁得很大，仿佛置身于一场震撼人心的科幻电影中。他从未见过如此先进、如此高效的生产线，更未曾想过自己竟然有机会成为这个智能生态系统中的一员。这一刻，小强深刻感受到了智能制造的魅力与潜力，也更加坚定了他为这份事业奋斗终生的决心。

思考并讨论

在上述小强初入职场的智能制造企业场景中，我们见证了多个令人震撼的自动化与智能化环节。请结合以上具体场景，深入探讨人工智能参与了以上场景中的哪些环节，又是如何发挥作用的？

知识准备

3.4.1 什么是“智能制造”

1. 制造业的发展历史

制造业作为人类社会发展的重要基石，其发展历程经历了从手工生产到机械化、自动化，再到智能化生产的深刻变革。

1）制造业的起源与早期发展

制造业的起源可以追溯到人类社会早期的手工生产时期。在这一时期，人们利用简单的工具，通过手工劳动制作出满足基本生活需求的产品（见图 3-84）。随着社会的进步和生产力的发展，手工作坊逐渐兴起，成为工业制造的雏形。然而，手工生产效率低、质量不稳定，难以满足大规模的市场需求。

图 3-84 传统手工纺织工人工作场景

18 世纪末—19 世纪初，工业革命的到来标志着工业制造进入了一个全新的阶段。蒸汽机的发明和应用，极大地提高了生产效率，推动了机器制造业的兴起。这一时期，制造业开始从手工作坊向机械化生产转变，生产规模逐渐扩大，生产效率显著提高。

2）机械化与自动化生产阶段

19 世纪中叶—20 世纪初，随着电气技术的发展和应用，工业制造进入了机械化与自动化生产阶段。电力的广泛应用为制造业提供了强大的动力支持，各种电动工具和机械设备应运而生，进一步提高了生产效率，如图 3-85 所示。

图 3-85 传统机械化纺织工厂内工人工作场景

3）信息化与数字化生产阶段

20 世纪末—21 世纪初，随着信息技术的迅猛发展，制造业进入了信息化与数字化生产阶段。计算机、互联网等技术的应用，使生产过程更加透明化和智能化。

企业开始采用计算机辅助设计（CAD）、计算机辅助制造（CAM）、制造执行系统（MES）和企业资源规划系统（ERP）等技术，提高了产品设计、制造和管理的效率与精度，如图 3-86 和图 3-87 所示。

图 3-86　运用辅助软件 CAD 设计纺织图案

图 3-87　运用 MES 和 ERP 系统进行生产管理

4）智能制造阶段

近年来，随着人工智能技术的快速发展，制造业进入了智能制造阶段。

智能制造以智能工厂为载体，通过物联网、大数据、云计算等技术的集成应用，可以大量使用智能机器人，能够在没有人工干预的情况下实现设备、工序和生产线的智能化管理。

智能制造阶段，通过人工智能技术给工厂装上了“智慧大脑”，让制造业传统的机器、设备和软件具备自主学习能力，不断优化生产方式，大幅提高生产效率，由于对人力资源数量的需求减少，所以该阶段出现了大量的“无人工厂”，如图 3-88 所示。

图 3-88　智能制造纺织工厂工作场景

2. 智能制造的内涵

智能制造是指通过集成现代信息技术、人工智能、物联网、大数据等先进技术，实现产品设计、生产、管理和服务等全生命周期的智能化、网络化、自动化和个性化的一种新型制造模式。其不仅能够提高生产效率，降低成本，还能显著提升产品质量和灵活性，满足市场的多样化需求。

制造是人按照某种工艺，利用工具把原材料加工成产品的过程。智能制造虽然冠名“智能”，但灵魂仍然是制造，本质是先进制造。就像当年的工业革命时期人类发明的蒸汽机一样，蒸汽机本身不是生产力，其价值在于人将其融入制造业场景，成为制造业革命的关键要素，人工智能技术也是如此，人们将人工智能技术深深地融入制造的各个环节、智能设备和工业软件中，造就了智能制造，如图 3-89 所示。

图 3-89 蒸汽机与人工智能都是推动制造业革命的关键技术

3. 智能制造的特点

1）自动化和网络化

通过引入机器人、自动化生产线等设备，企业可以实现生产过程的自动化控制，代替人工完成危险的、复杂的劳动，不仅提高了生产效率，还保证了产品质量的稳定性。

通过物联网技术，企业可以将生产设备、传感器等连接到工业互联网平台上，实现生产数据的实时传输和共享。这样不仅提高了生产过程的透明度和可控性，还可以促进供应链上下游企业的协同合作。

2）智能化

通过集成人工智能、大数据等技术，企业改变了传统的人工安排和调度生产，可以根据订单需求和库存情况，自动调整生产计划，确保生产资源的合理配置，实现生产过程的智能调度。

3）个性化和柔性化

智能制造强调个性化定制。通过引入模块化设计、柔性生产线等技术，企业可以快速调整生产布局和工艺流程，满足客户的个性化需求，提供定制化的产品和服务。

3.4.2 智能制造的构成及关键技术

1. 智能工厂规划与设计

中国人讲究“凡事预则立，不预则废”。智能工厂是智能制造系统的基本载体，也是智能制造的精髓所在。所以智能制造首当其冲的环节就是智能工厂的规划和设计。

一个智能工厂都需要规划和设计什么内容呢？

规划设计前，需要分析当前工厂要生产什么种类的产品。因为生产食品和生产汽车的工艺不同，所以车间大小和设备种类肯定也不同。

然后需要计算各个车间和厂房面积的大小，以及需要安装什么设备和数量。比如，装配车间在哪个楼层最适合、仓库设在楼房的一层还是四层才更方便、车间多高才能不影响机器人的安装和工作、机器人需要什么型号及数量等。

最后，可以用虚拟仿真软件模拟整个生产的过程，看看如果按这个设计方案开展生产，生产过程能否顺畅，如图 3-90 所示。

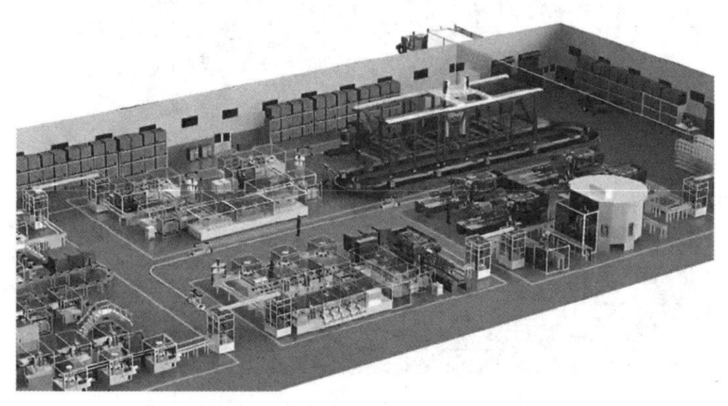

图 3-90　智能工厂的规划示意

2. 智能生产计划与调度

智能工厂怎样帮助企业根据销售订单智能生成生产计划？怎样确保所有的生产步骤都按照最优顺序井井有条地进行？怎样确保生产所需的原材料源源不断地及时供应？

显然，仅靠人脑是无法考虑这么周全的，下面就需要建设工厂智慧大脑啦！

在智能制造中，生产计划与调度是确保生产顺利进行的关键环节。借助高级计划与排程系统（APS）、企业资源计划系统和制造执行系统等多种信息化系统，配合 AI 技术，就可以实现原材料采购、生产计划排程等一系列流程的自动化，如图 3-91 所示。

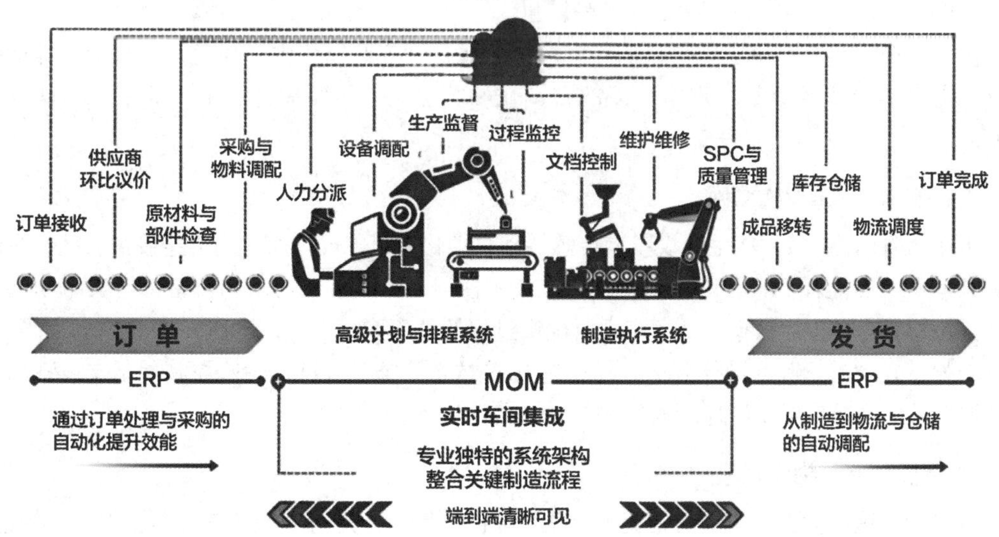

图 3-91　智能生产工作流程

3. 智能生产执行与控制

有了“大脑”以后，工厂的高效运作当然离不开“手”和“脚”。智能工厂利用自动化生产线和智能设备，如高度自动化的流水线、智能机器人、自动导引车等，实现生产调度的智能化和生产过程的自动化，如图 3-92 所示。

图 3-92　智能生产自动化流水线

同时，借助大量工业物联网传感器，企业能够实时监控和收集生产过程中的各类数据，监控生产状态，确保生产按照计划高效进行。

由于生产过程很少需要人参与，工厂开灯与否不会影响正常生产，这类工厂也被称为“黑灯工厂”。

关键技术 1：自动化生产线

自动化生产线是生产环节的核心，通过高度自动化的生产设备和机器人，以及减少人工干预和错误率，实现生产过程的连续性和高效性。同时，机器人还可以执行一些危险、重复或高精度的工作，提高生产安全性和产品质量。

例如，在汽车制造企业中，自动化生产线能够精确控制每个生产环节，从装配、焊接到涂装、总装，每个环节都实现了高度的自动化和智能化，从而提升了生产效率，降低了废品率。

关键技术 2：工业物联网

工业物联网（IIoT）将生产设备、传感器和自动化系统等设备通过网络连接在一起，实现数据共享和实时监控。在智能制造中，IIoT 技术使得生产线上的每一个设备都能实时联网并反馈其运行状态和生产数据，从而实现对生产过程的精准控制。

例如，在中芯国际半导体制造中，通过 IIoT 技术，企业能够实时监控芯片制造设备的温度和湿度等参数，确保生产环境的稳定性，提高良品率。

4. 智能仓储与物流管理

在智能制造环境下，仓储与物流不再是孤立的环节，而是与生产、销售等流程紧密相连。智能仓储与物流管理系统能够根据生产计划和销售计划，自动调用搬运和装卸机器人，保障原材料和产品在正确的时间、以正确的数量被送达正确的地点，优化运输路径，降低运输成本，提高物流效率。

通过智能仓储与物流管理系统，我们可以清楚地看到每一件产品目前的装卸和运输状态，如图 3-93 所示。

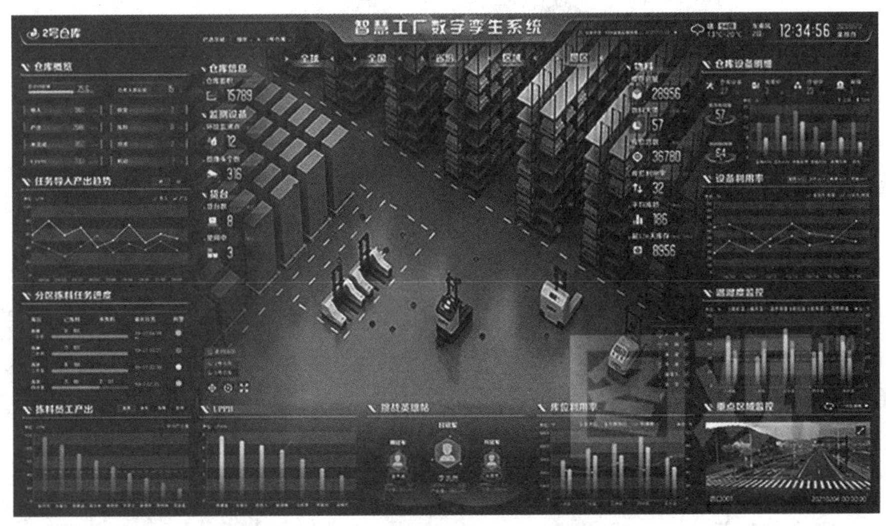

图 3-93　智能仓储运输状态监控大屏

关键技术：路径规划与自动导航技术

智能仓储与物流管理系统可以实时跟踪无人机、搬运机器人和运输车辆等运输工具的位置和状态，计算并优化运输路线和配送计划。该系统还可以根据交通状况、天气等因素实时调整运输计划，确保货物按时送达客户手中。

例如，美团外卖在无人机上安装北斗卫星定位设备，可以实时规划飞行路径，确保外卖在运输过程中的安全性和质量稳定性，如图 3-94 所示。

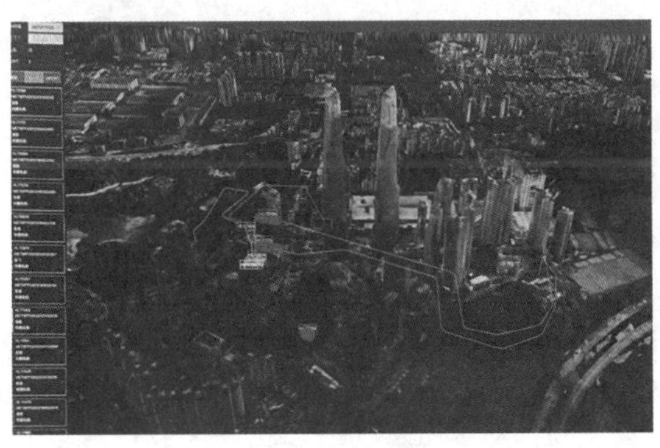

图 3-94　美团外卖无人机的路径规划和自动导航

5. 智能质量检测与控制

产品必须经过质检合格才能出厂。借助先进的智能检测设备，企业可以对产品进行全面、精准的自动化质量检测，如图 3-95 所示。

图 3-95 依托机器视觉技术的智能检测设备

智能制造还可以建立质量追溯体系。通过为产品赋予唯一的身份标识，利用手机扫码，就可以追踪产品的生产过程、原材料来源、销售渠道等信息，为质量问题的追责和改进提供有力支持，如图 3-96 所示。

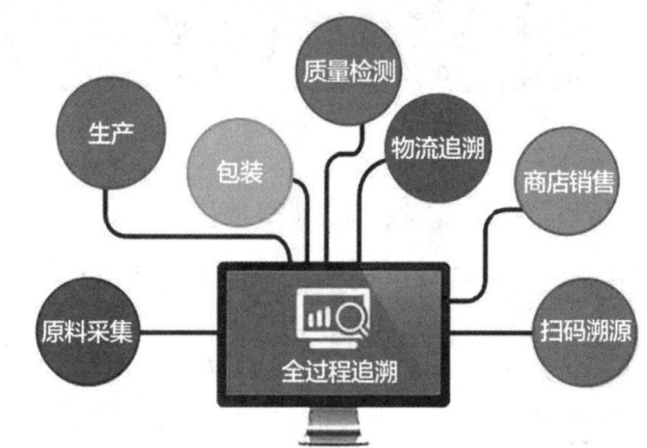

图 3-96 通过产品标识进行质量追溯

关键技术 1：工业大数据分析

工业大数据分析是智能制造中质量控制的关键环节。通过对生产过程中的大量数据进行采集、分析和挖掘，企业能够发现生产过程中的潜在问题，并及时采取措施进行改进，如图 3-97 所示。

例如，在机械制造中，通过对车床和工业机器人运行过程中的损耗程度等数据进行分析，企业能够实时监控车床和工业机器人的健康运行状态，对预测到的故障及时预警和发出维修提醒。

关键技术 2：机器视觉技术

通过引入机器视觉技术，智能质检系统能够自动识别和预测产品外观异常情况，并给出相应的解决方案。

例如，在精密机械制造中，通过机器视觉技术，企业能够检测金属制品的裂纹及缺陷，确保产出产品无质量缺陷。

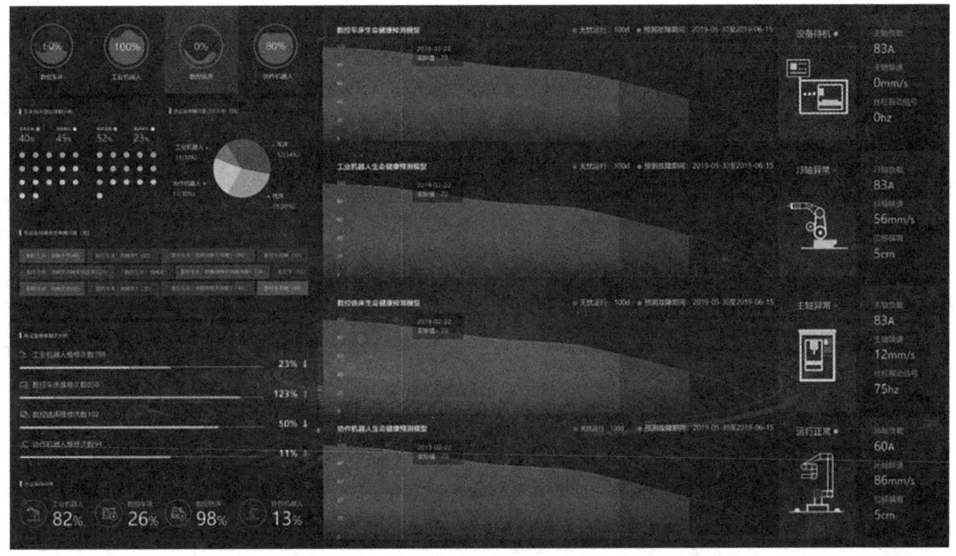

图 3-97　工业大数据分析可视化展示大屏

3.4.3　人工智能在智能制造业中的应用

1. 智能生产装配：精准高效的“工厂老师傅”

智能机器人能够自动搬运、抓取、装配、焊接生产线上的各种零部件，像极了一群经验丰富的“工厂老师傅”默契而高效地完成生产装配全流程，整个过程无须人工干预。

图 3-98　汽车智能装配生产线

图 3-98 中机械臂做出的所有动作并非都是“按剧本表演”。这些机器手臂应用了人工智能技术中的机器学习技术，已具备一定的智慧。机器学习技术使智能机器人通过不断学习以往的装配流程、装配数据和经验，优化和调整自身的工作方式。

比如，物料搬运环节中，机器手臂通过机器学习可以分析出不同零部件的搬运顺序，优先把最急需的零部件搬运过来。此外，零部件装配环节中，机器学习技术可以使机器人识别并抓取正确的零部件完成装配。

智能机器人还运用了人工智能技术中的路径规划技术。在装配过程中，路径规划技术可以帮助机器手臂选择抓取零部件的最优动作顺序和抓取路径；在焊接和喷涂环节，路径规划技术可以确保机器手臂在焊接和喷涂时的轨迹更加精准和高效。

智能工厂的自动化生产线可以实现 24 小时不间断生产，生产效率比传统人工模式至少提高了 30% 以上。

2. 智能质量检测：慧眼如炬的“缺陷狙击手”

在质量检测和控制环节，智能质检机器人展现出了人工智能的强大威力。

在图 3-99 中，集成了机器视觉和深度学习技术的智能质检机器人，正在对生产线上的产品进行全方位检测。这台机器人能够通过高清摄像头捕捉产品的图像信息。

图 3-99 基于机器视觉的智能检测流水线

那么机器人是怎么分析这些图像的呢？

这就用到了人工智能技术中的机器视觉技术，通过机器视觉技术，机器人能清楚地“看见”图像上的详细情况。

那么机器人是怎么分辨图像中的质量缺陷和正常情况呢？

这次就轮到人工智能技术中的机器学习技术发挥作用了，通过质量检测工程师“手把手”的长期训练，拥有机器学习技术的机器人不断完善缺陷分析能力，对图像识别越来越精确，最终成为发现质量缺陷的“绝世高手”。

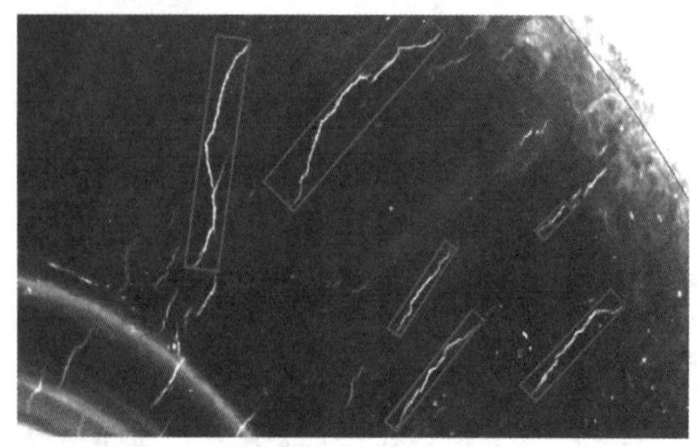

图 3-100 基于视觉识别技术检测到的产品外观缺陷

无论产品上的是微小划痕、裂纹还是颜色偏差等缺陷，都逃不过智能质检机器人的“火眼金睛”。一旦发现缺陷产品，机器人会立即发出警报并通知生产线进行调整或返工。这种监控和控制方式不仅能够及时发现和修复生产过程中的质量问题，还能够杜绝人工质检模式下可能产生的质检误差，由抽样检查升级为全面质检，如图 3-100 所示。

质量检测和控制环节，通过引入人工智能技术中的机器视觉和机器学习技术，产品出厂的良品率相比人工质检可提高 20% 以上。

3. 智能制造中的岗位介绍

在智能制造的工厂里，产业工人的工作内容发生了翻天覆地的变化，工作职责从传统的手工作业向使用各类智能设备和数据分析等方向转变；工作要求从体力与手工技能向技术能力、创新思维、团队合作和持续学习等方面提升，如图 3-101 所示。

图 3-101 传统工厂和智能制造工厂岗位职责和工作内容差异巨大

下面介绍在智能制造工厂中几个有代表性的工作岗位。

1）总装技术员

总装技术员日常负责协同智能装备的生产制造、装配调试和工艺优化等工作，确保智能装备生产出符合设计要求和质量标准的产品，如图 3-102 所示。

图 3-102 智能制造工厂的总装技术员协同机器人生产

这个岗位需要熟练掌握自动化装配设备的使用方法，还需要具备良好的数据分析能力，能够运用数据分析工具对生产数据进行分析。在有些情况下，该岗位还需要具备一定的编程能力，可以对智能机器人设备进行简单的编程和调试。

2）智能设备维修工程师

智能设备维修工程师负责智能装备的日常维护、故障排除和技术支持等工作，对设备运行数据进行记录和分析，为设备的改进和优化提供依据，如图 3-103 所示。

图 3-103 智能制造工厂的智能设备维修工程师正在检修设备

该岗位需要掌握智能化设备的结构、工作原理和故障现象，能够迅速定位并解决复杂设备故障；了解自动化控制系统的构成和工作原理，能够进行自动化控制系统的维护和调试。此外，该岗位还需要具有运用数据分析工具对设备运行数据进行分析的能力，以预测设备故障，提前进行维护。

3）质量检测工程师

质量检测工程师负责使用智能装备进行质量检测工作，确保产品符合相关标准和客户要求；对检测数据进行记录和分析，及时发现和解决质量问题；参与制定和改进质量检测标准和流程，提高质量检测的效率和准确性，如图 3-104 所示。

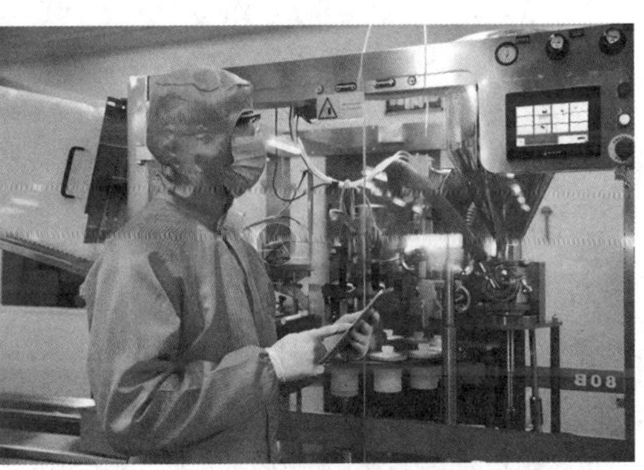

图 3-104 智能制造工厂的质量检测工程师正在检查质检结果

该岗位需要熟悉并掌握各种先进的检测技术（如机器视觉检测、传感器检测等），能够实现生产过程的全程质量管控；同时，该岗位还需要了解并掌握相关的质量标准和规范，确保产品质量符合国家和行业标准。

智能制造工厂相比传统制造业工厂，提供了很多新的岗位。这些岗位的工作对产业工人的体力要求不断降低，但需要更加专业的知识和技能，还需要良好的团队协作能力和问题解决能力。

案例实训

智能制造初体验

图 3-105 海尔空调的智能无人“黑灯工厂”

海尔空调胶州互联工厂作为海尔智能制造战略的核心项目之一，充分展示了人工智能技术在制造领域的深度应用与巨大潜力。

海尔空调胶州互联工厂是目前国内生产家用空调最大的单体建筑，也是全球空调行业最领先的互联工厂。通过深度融合人工智能技术与制造技术，海尔空调胶州互联工厂实现了生产流程的高度智能化和定制化，如图 3-105 所示。

用户可通过定制平台——“海尔商城”，根据个人喜好，自由选择空调的颜色、款式、性能和结构等，定制满足其个性化需求的空调。

海尔空调胶州互联工厂采用了给予人工智能技术的高度柔性的自动化生产线，能够支持多型号混流生产。该工厂颠覆了空调业百年制造逻辑，第一个实现了由“企业造空调”转变为“用户造空调”，开启了空调业的“每个人造自己的空调”之定制时代。

海尔空调胶州互联工厂的人工智能技术应用取得了显著成效。该工厂通过智能生产线优化、智能质量检测和智能供应链管理等方面的创新实践，将生产效率提升了 60%。产品开发周期缩短 50% 以上，交货周期缩短 50% 以上，全流程运营成本下降 20%，产品不良率降低 10%，能源利用率提升 5%。

结合以上案例进行讨论与分析，如表 3-5 所示。

表 3-5 “智能制造初体验”讨论表

<table>
<tr><td colspan="2">基本信息
活动名称：智能制造初体验
活动日期：________________
参与者姓名：________________</td></tr>
<tr><td>讨论内容</td><td>海尔的智能制造生产线颠覆了空调业百年制造逻辑，第一个实现了用户按自己的需要制造个性化的空调。请讨论，智能制造是如何实现个性化定制的？</td></tr>
<tr><td>讨论目的</td><td>理解智能制造如何实现个性化定制空调。</td></tr>
<tr><td>讨论流程</td><td>1. 观察定制空调面板选择。
唯美昙花 By 海高　庄周梦蝶 By 阿喻　浪漫花脉 By DOMO</td></tr>
</table>

续表

<table>
<tr><td>讨论流程</td><td>2. 观察定制空调功能选择。

</td></tr>
<tr><td colspan="2">讨论结果分析
观察定制空调面板选择图片，小组讨论图中个性化定制的主要是什么空调部件？
观察定制空调功能选择图片，小组讨论图中个性化定制配件和价格是用户根据可选项自行选择，还是自己可以随意提要求？
小组讨论，当用户选择好自己的空调外观和功能后，智能制造工厂是如何实现根据用户订单选择不同的零部件？这些零部件又是如何从仓库运输到生产线上的呢？
小组讨论，当这些零部件被运输到生产线上后，生产线是如何实现快速生产用户定制的空调呢？</td></tr>
<tr><td colspan="2">拓展思考
1. 在这次智能制造技术的讨论中，你最大的感受是什么？
______
______
______
______
2. 你还知道哪些产品的制造工厂有大量智能制造技术的应用？
______
______
______
______
3. 智能制造工厂中，产业工人的工作内容和职责相比传统制造工人有什么区别？
______
______
______
______</td></tr>
</table>

自我测试

1. 谈一谈：智能电商与传统电商相比有哪些优势？
2. 谈一谈：智能驾驶的关键技术有哪些？
3. 谈一谈：智能制造的关键流程有哪些？

模块自评

模块名称	模块 3　智享美好——奏响智慧生活与智能生产新乐章	评价人	
检查评价点			评价等级（A、B、C、D）
素质	跨行业整合思想：积极思考如何将传统电子商务、交通、安防和制造业与人工智能技术相结合，提出创新性的行业改革想法		
	创新精神：在人工智能应用的不同领域，勇于持续探索和创新素质的新要求，勇于尝试新技术和新方法		
	安全意识：智能交通系统涉及公共安全，产业从业人员需具备高度的安全意识，确保系统设计和实施过程中充分考虑安全性		
	团队合作精神：通过小组讨论和实践活动，积极与本组同学合作，共同完成各章节讨论及协同任务		
	社会责任感：智能交通的发展对社会有深远影响，产业从业人员应具备社会责任感，关注技术对社会、环境和伦理的影响		
	职业感知：通过安全专员、制造产业工人的职业体验，理解人工智能背景下，各行业对产业人员的职业新要求，增强职业认知度和行业发展趋势的敏感度		
知识	掌握电子商务平台的功能和特点		
	了解电子商务的基本流程和运营模式		
	了解智能物流的概念、特点和运作模式		
	了解智能交通的发展历程和智能驾驶关键技术		
	了解智能安全系统的概念和组成		
	掌握门禁识别常用技术		
	了解智能制造的发展历史、概念、特点和流程		
	掌握智能制造的关键流程		
	了解智能制造常用技术		
能力	能够阐述如何优化物流配送流程，提高物流效率		
	能够分析人工智能对购物活动的影响		
	能够识别交通系统问题根源并提出有效的解决方案		
	能够阐述不同安全技术背景下，产业从业人员的工作模式区别		
	能够阐述不同制造业阶段背景下，产业从业人员的工作模式区别		
	能够与组内同学进行有效的沟通与协同，确保课堂讨论顺利进行		

注：评价等级 A 为优秀、卓越；B 为良好，还有提升空间；C 为一般，有待提升；D 为较差，需重点关注。

模块4　智守伦理——担当人工智能伦理与责任

模块导读

人工智能技术快速发展的同时，也为我们带来了诸多伦理和道德挑战。如何确保这些技术的发展符合人类社会的基本价值观，有效防范其潜在风险，成为当前亟待解决的关键问题。

本模块将深入探讨人工智能伦理挑战的表现形式、道德准则的重要性以及构建道德准则的方法与途径，为构建负责任的人工智能社会贡献智慧。

学习目标

1. 关注并思考人工智能可能带来的安全与伦理问题。
2. 了解个人隐私保护及数据安全意识的重要性，提高信息安全防范意识。
3. 掌握针对人工智能伦理问题进行分析、判断的能力。
4. 掌握多角度思考问题、探索解决方案的能力。

4.1　伦理挑战与道德准则

人工智能伦理和道德准则作为人工智能发展中的重要议题，不仅关系到技术的发展，更触及人类社会的核心价值观。此外，还会影响社会的公正和人类的未来。近年来，已经发生多起涉及人工智能系统公平、偏见和隐私等伦理问题的案例，对未来人工智能与人类社会的互动具有深远影响。

探索发现

中国首例“AI文生图”侵权案例分析

本活动设计了一场人工智能伦理案例体验活动，通过该活动，使学生能够识别出实际应用中的人工智能伦理问题，培养学生对于伦理问题的敏感度及批判性思维能力。

活动准备

为每位学生准备一份“中国首例‘AI 文生图’侵权案例”材料，如图 4-1 所示。

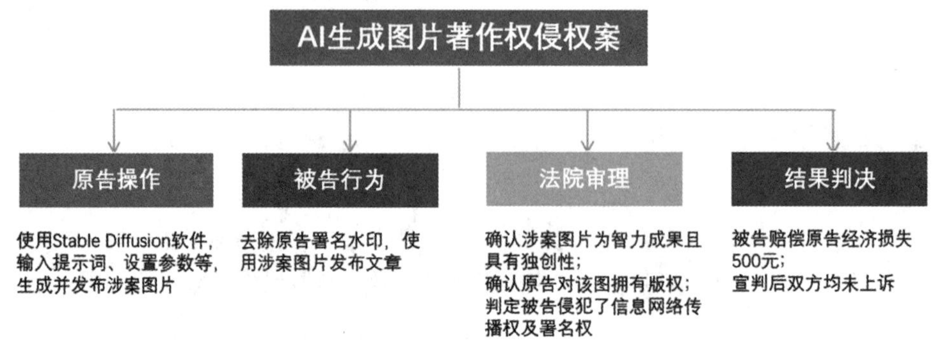

图 4-1 中国首例“AI 文生图”侵权案例

活动步骤

由教师概述案件的基本事实，包括事件发生的时间、涉及的人物等，详细描述被诉侵权的 AI 生成图片及其创作过程。

思考或讨论

学生需要在教师的指导下了解相关法律法规，搜集对比不同学者、法官或其他专业人士对此案的意见，探讨应该如何确定 AI 生成作品具有独创性，以及这一过程中的人类参与度。最后总结法院对案件的处理决定，思考此案例对更广泛的社会和技术环境带来的潜在变化，如表 4-1 所示。活动过程中，学生需随时记录自己的观察和判断依据，并在活动结束后与同伴分享和讨论。

讨论要点，并在活动结束后与各组分享结论，如表 4-1 所示。

表 4-1 中国首例“AI 文生图”侵权案例分析表

<table>
<tr><td colspan="3">基本信息
活动名称：中国首例“AI 文生图”侵权案例分析
活动日期：______________
参与者姓名：______________
参与者角色：A 学生</td></tr>
<tr><td>分析维度</td><td>具体问题或要求</td><td>参与者 A</td></tr>
<tr><td>事件概述</td><td>简要描述事件经过，包括时间、人物、起因、过程及结果</td><td></td></tr>
<tr><td>法律法规分析</td><td>了解本案相关的法律条款，并简述其如何适用于该案例</td><td></td></tr>
<tr><td>伦理道德考量</td><td>讨论此案是否涉及伦理道德问题</td><td></td></tr>
<tr><td>社会影响</td><td>分析该事件对艺术创作领域的影响</td><td></td></tr>
<tr><td>个人看法</td><td>表达自己对整个案件的看法</td><td></td></tr>
</table>

续表

案例分析
我认为，AI 创作 ┌引发（ ） 关于原创性、作者身份等新的伦理挑战。 └未引发（ ） 我的分析依据（结合事情经过、法律法规查询等）：________
拓展思考 1. 在这次案例分析体验活动中，你最大的感受是什么？ ________ 2. 你对人工智能伦理的挑战和其表现形式有了怎样的新认识？ ________ 3. 你认为这次活动对自己和其他参与者的意义是什么？ ________
建议

注：请在活动过程中及时填写此分析表，以便在活动结束后进行分享和讨论。

知识准备

4.1.1 人工智能伦理挑战的表现形式

自古以来，人类在追求科技进步的同时，也在不断探索和建立伦理道德的边界。随着人工智能技术的发展，这种探索变得更加迫切。人工智能伦理是人类伦理的延伸和拓展，无论是人工智能系统的决策机制，还是其与人类社会的交互模式，都应遵循一定的道德准则与行为规范。这些准则与规范很大程度上反映了人类长久以来的伦理思考和道德实践成果。例如，隐私保护、公平正义、责任归属等伦理原则，在人工智能领域同样至关重要。

为了更深入地了解人工智能伦理相关概念，让我们先来探究什么是伦理。

1. 伦理

伦理，是指人类在日常生活中所遵循的各种道德准则。在中国古代文献中，"伦理"一词最早出现于《礼记·乐记》，原文为："凡音者，生于人心者也；乐者，通于伦理者也。"这里的"伦理"原指事物的条理，后来逐渐演变为指人与人相处应遵循的道理和规范。孔子曾提出"仁、义、礼"，孟子延伸为"仁、义、礼、智"，董仲舒扩充为"仁、义、礼、智、信"，后称"五常"，这"五常"贯穿中华伦理的发展中，已成为中国价值体系中最核心的因素。

2. 人工智能伦理

人工智能伦理（AI ethics）是指在研究、开发和应用人工智能技术时，需要遵循的道德、法律准则以及社会价值观等，以确保人工智能的发展和应用不会对人类和社会造成负面影响。其出发点是"以人为本"，即将人类置于中心地位，不仅需要体现在通过新技术满足人类需求，更需要保障个人权利、增进人类福祉。

人工智能技术广泛应用及深化过程中，所暴露出的伦理和道德风险隐患，正在引起社会广泛关注，人工智能伦理亦成为国内外学术界的热点话题。总体来说，我们面临的人工智能伦理挑战大致可以分为个人层面、社会层面、环境层面三类，如图 4-2 所示。

图 4-2 人工智能伦理挑战

人工智能伦理挑战的表现形式也日益趋向多元化，主要分为以下几类。

1）数据隐私

在数字时代，人工智能系统需要大量数据来学习和优化。然而，在收集、存储和分析这些数据的过程中，用户的个人信息可能会被滥用。比如，互联网公司和应用开发者为了改进服务，有时会在用户不知情或未充分授权的情况下收集个人身份信息、消费习惯等敏感资料。一旦这些数据被泄露，就可能造成财产损失、声誉受损等问题。

2）公平及算法偏见

人工智能系统的公平性取决于其训练数据的质量。如果训练数据存在偏见（如种族歧视），那么系统做出的决策也可能带有偏见。例如，在司法领域，如果用有偏见的数据训练风险评估算法，可能会造成弱势群体受到不公平对待，这不仅违背了公平正义的原则，还加剧了社会不平等。

3）责任界定

当人工智能系统因各种原因出现问题时，界定责任变得十分复杂。例如，自动驾驶汽车发生事故，可能是传感器故障，涉及硬件制造商、软件开发者等多个环节。这种情况下，受害者很难及时获得应有的赔偿，法律监管也面临挑战。

4) 工作替代

人工智能技术正在逐步取代一些重复性和规律性强的工作岗位，如工厂装配工人、客服接线员等。这导致短期内大量劳动者失业，增加了其就业压力，并且加剧了贫富差距。那些掌握人工智能技能的人能够从中受益，而缺乏相应技能的人则可能陷入困境。

5）伦理道德与价值观冲突

尽管人工智能可以模拟人类的认知功能，但其缺乏内在的道德判断能力。在面对复杂的道德选择时，人工智能可能仅依赖数据计算进行决策，而忽略人类的情感和文化因素。

6）透明度不足

很多人工智能应用的工作原理还不够透明，用户难以理解系统是如何做出特定决定的。这可能会降低公众对人工智能的信任，也使监管变得更加困难。

视野拓展

人工智能伦理问题需要我们深入探讨和积极应对，央视纪录片《人工智能：时代的机遇和挑战》的第四集——《远行》，为我们展示了人工智能发展所带来的伦理、法律和社会问题。关注人工智能在数据隐私、算法偏见等方面的挑战，探讨人工智能对就业市场的冲击及应对方式。通过真实案例和专家解读，我们可以更深入地了解人工智能技术的复杂性和多样性，直面机遇与挑战。

4.1.2　道德准则在人工智能中的重要性

“道德”一词，最早出现在先秦时期思想家老子的《道德经》中，战国末期赵国的思想家荀子在《劝学》中进一步阐述了这一概念：“故学至乎礼而止矣，夫是之谓道德之极。”这句话的意思是说，学礼要学到《礼经》才算结束，这样才算达到道德的顶峰。道德作为一个主观、抽象的概念，表现为善恶对立的心理意识、原则规范和行为活动的总和。在当今社会，它代表了正面、积极的价值观，并用来批判人们行为的正当性和合理性，属于社会意识形态的一部分。道德与法律相辅相成，共同维护着社会稳定、促进社会和谐发展。

了解了道德的概念，再让我们来学习道德准则相关知识吧！

1. 道德准则

道德准则指的是一套指导个人或组织在特定情境做出道德判断和决策的原则或标准，如图 4-3 所示。在人工智能技术的发展中，道德准则的作用不容小觑，它们确保技术的进步和应用遵循社会普遍认可的价值观，促进公平、正义和可持续发展，从而更好地服务于人类社会。

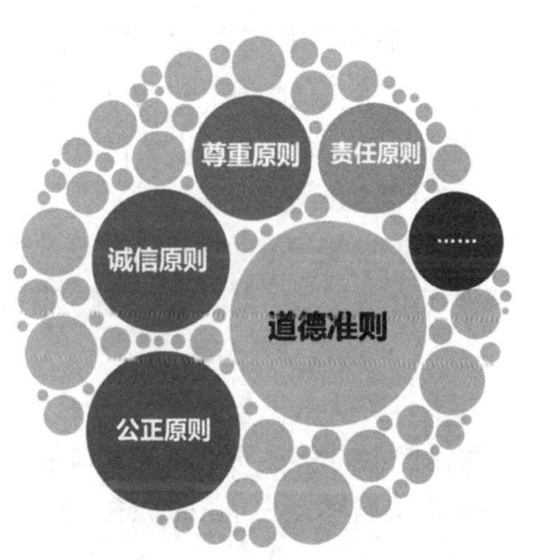

图 4-3　道德准则分类

2. 道德准则在人工智能中的作用

人工智能的发展应以维护人类利益和价值观为基础，在道德准则的指导下，合理应用和开发人工智能技术，确保其对社会产生积极影响。道德准则在人工智能领域所发挥的作用广泛且深入，具体表现在以下方面。

1）指导决策

道德准则提供了一套伦理框架，帮助人工智能设计者、开发者和使用者在面对道德困境时做出明智的决策。例如，在自动驾驶汽车的紧急情况下，道德准则可以帮助决策者确定如何平衡乘客安全与行人安全。

2）确保合规性

随着人工智能技术的快速发展，相关法律法规也在持续完善。道德准则能够帮助人工智能系统遵守现行法律，并预判未来可能的法律要求，确保技术的合法性和道德性。

3）提升透明度

道德准则要求人工智能系统的设计和操作过程保持透明，这对于赢得公众信任非常重要。透明度是公众接纳人工智能技术的关键，能够帮助消除人们对系统决策过程的疑虑。欧盟的《通用数据保护条例》（GDPR）中明确规定，企业使用个人数据时必须告知用户数据将如何被使用。这意味着系统需要能够清楚地解释处理用户信息的具体方式。

4）保护隐私

在处理个人数据时，道德准则着重强调了对用户隐私的尊重和保护，防止数据被不当使用或泄露。此外，这也符合法律法规的要求，2021 年正式施行的《中华人民共和国个人信息保护法》，即明确了对个人信息权益的保护，强化了对个人隐私的法律保障。

5）避免偏见和歧视

道德准则还可以帮助人工智能系统在设计和训练的过程中避免偏见，确保算法的公平性，不因性别、种族及年龄等因素歧视任何群体，有利于创建一个包容、平等的社会。

6）责任归属

当人工智能系统对个人或社会造成危害时，道德准则有助于明确责任归属，并指导如何对受影响者进行赔偿，维护受害者权益。

7）促进可持续发展

虽然人工智能技术的演进为我们不断带来新的挑战，但道德准则可以提供一个灵活的框架，帮助我们有效解决这些问题，保护生态和社会结构，有效推动科技创新与可持续发展。

3. 道德准则贯穿人工智能全流程

在人工智能领域，道德准则的实践是确保技术发展与人类价值观相一致的关键，需要融入技术发展各个环节，指导我们负责任地开发和使用人工智能技术。

1）数据收集层面

人工智能技术的发展需要海量数据支撑，但这些数据的获取应该严守道德底线，充分尊重个人合法权益，未经用户明确授权，任何主体不能擅自收集、使用数据。

2）算法设计环节

算法作为人工智能的“大脑”，其决策过程应透明且遵循公正原则，避免因数据偏差、设计漏洞等因素产生算法偏见和歧视。正如亚马逊 AI 招聘工具事件对我们的警示（见图 4-4），一旦算法偏离公平公正的轨道，带来的危害不容小觑。

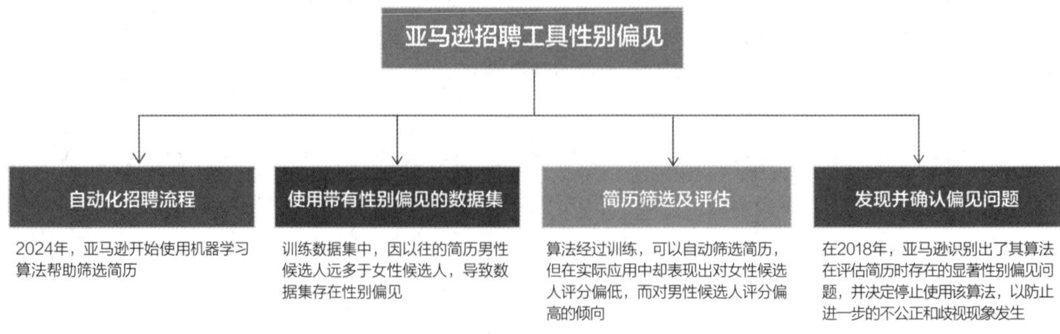

图 4-4 人工智能算法偏见案例——亚马逊招聘工具性别偏见

3）人工智能应用环节

人工智能应用是人工智能技术落地实践的关键阶段，以智能教育场景应用为例，借助人工智能实现个性化学习推荐时，不能仅凭学生短期学习表现就贴上"天赋不足"等消极标签，挫伤其自信，脱离育人本质。需以激励为导向，充分尊重每个学生的独特性，借助人工智能定制个性化学习方案，充分发挥科技优势，助力学生健康成长与持续进步。

4.1.3　人工智能伦理及道德准则的构建

构建人工智能伦理及道德准则的核心目标，是确保技术的发展和应用尊重人类价值观，保护个人权利，促进社会的公平与正义。在全球范围内，各国和地区在推动人工智能技术创新和产业发展时，都非常重视其健康可持续发展，并将伦理治理纳入战略规划中。为此，各国纷纷出台了相关政策、规划、指南和规范等文件，旨在建立完善的人工智能伦理和道德保障体系。同时，各方在技术治理方面也采取了实际行动，以规范人工智能的发展路径。

1. 政策层面

2021 年 9 月 25 日，国家新一代人工智能治理专业委员会发布了《新一代人工智能伦理规范》(以下简称《伦理规范》)，旨在将伦理道德融入人工智能全生命周期，为从事人工智能相关活动的自然人、法人和其他相关机构等提供伦理指引。《伦理规范》充分考虑当前社会对隐私、偏见、歧视及公平等伦理问题的关注，针对人工智能管理、研发、供应、使用等活动，提出了六项基本伦理要求和 18 项具体规范，如图 4-5 所示。

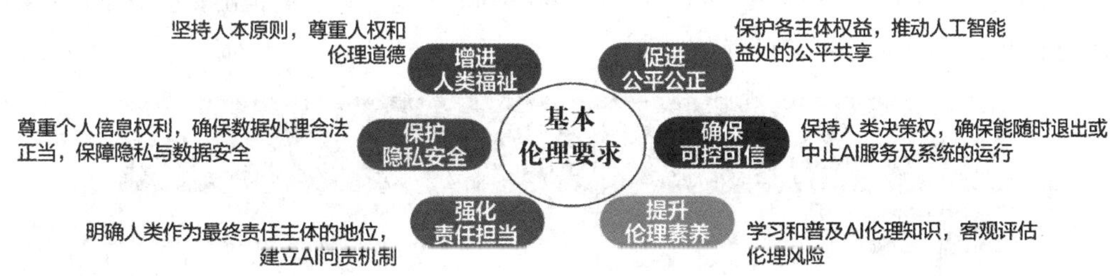

图 4-5　《新一代人工智能伦理规范》基本伦理要求

2022 年 3 月，由国家互联网信息办公室、工业和信息化部、公安部及国家市场监督管理总局联合发布的《互联网信息服务算法推荐管理规定》正式生效，规范互联网信息服务算法推荐活动，维护国家安全和社会公共利益，并保护公民、法人及其他组织的合法权益；同月，中共中央办公厅、国务院办公厅印发《关于加强科技伦理治理的意见》，提出五项基本要求与五项科技伦理原则，部署了四大重点任务，为进一步完善科技伦理治理体系做出指导；11 月，国家互联网信息办公室等三部门共同印发《互联网信息服务深度合成管理规定》，强化深度合成管理，弘扬社会主义核心价值观，保障国家安全与公共利益，同时保护公民、法人及其他组织的合法权益。2023 年 9 月，科技部等十部门联合印发《科技伦理审查办法（试行）》，用以规范科学研究、技术开发等科技活动的科技伦理审查工作，强化科技伦理风险防控，推动科技向善，促进负责任创新。同时意见明确了政府部门、创新主体、科技社团及科研人员的职责和任务，致力于形成多方参与、协同共治的科技伦理治理格局。

国际上，欧盟委员会于 2019 年发布《人工智能道德准则》，强调人工智能的发展方向应该为“可信赖 AI”。据统计，目前全球已经超过 160 个国家制定了人工智能的伦理原则或指南，这些准则在社会上已经形成一定共识，特别是在以人为本、促进创新、保障安全、保护隐私、明晰责任等伦理观上达成广泛认同，但实践论证仍需进一步深化。

2. 技术层面

技术创新推动了能力边界的拓展，也为人工智能伦理准则的实施提供了关键支持。为了确保这些伦理原则能够有效落地，它们需要融入人工智能技术开发与应用的全生命周期中，建立完善的伦理风险管理体系，以保证伦理考量贯穿组织运行的每一个环节。例如，在设计模型和算法时就应考虑相关的伦理及道德因素，并在开发、训练过程中持续嵌入这些考量。

目前，在人工智能伦理技术实践方面，国际组织、政府及企业都在积极探索。2022 年 3 月，中国上线了“面向人工智能基础技术及应用的检验检测基础服务平台”，该项目由电子技术标准化研究院主导，依托自主研制的标准规范，建立包括数据集、算法库和模型库在内的资源库，提供测试工具和服务平台环境。该平台正在进一步研发，以增强其在伦理方面的资源和检测能力，如图 4-6 所示。同年 5 月，新加坡发布了全球首个人工智能监管测试框架和工具集（AI Verify）。该框架和工具集旨在融合测试和过程检查，促进企业和相关利益者之间的透明度，增强公众对技术的信任。它允许开发人员根据一系列伦理准则来验证人工智能系统的性能，这些准则涵盖了透明性、可解释性、可复现性、安全性、鲁棒性、公平性、数据治理、可审计性、人类能动性与监管、包容增长、社会和环境福利等 11 个关键点。2024 年 12 月，瑞士的人工智能解决方案提供商 EQTY Lab 联合英特尔等公司，推出了全球首个可验证计算人工智能框架（Verifiable Compute AI Framework）。这一框架的推出，在增强人工智能应用的透明性与安全性方面取得重大突破。

图 4-6　面向人工智能基础技术及应用的检验监测基础服务平台界面

目前，IBM、微软、谷歌、百度、华为等公司，在面向偏见检测、隐私保护、安全性、风险管理、提高公平性、透明度及可解释性等方面，也在持续开发一系列内部测评工具用以自我审查。例如谷歌推出了 What-If 交互可视化工具，帮助用户直观地检查和评估机器学习模型的公平性。微软基于 Explainable Boosting Machine 算法开发的 InterpretML，可用于训练、解释机器学习模型和黑盒模型，使预测结果更精准，且具有可解释性。

视野拓展

当前，国际社会各界正齐心协力，积极推动伦理、道德、法律和技术的协同发展，力求构建完善的人工智能治理体系。让我们一起走进央视纪录片《智能时代》的第四集——《风险地带》。在这集纪录片中，我们将看到各国政府、学者和企业为构建人工智能伦理及道德准则所付出的努力和思考，以及多元主体在面对人工智能挑战时，如何紧密协作、各展其长，运用智慧与担当，为人工智能技术的稳健发展奠定坚实的伦理和道德基础，引导其更好地服务人类社会。

4.2　法律框架与责任界定

人工智能带领我们进入充满变革和挑战的时代，面对人工智能带来的伦理风险，不仅需要依靠规范的道德准则，更需要完善的法律体系。道德准则是参考线，提供了基本的道德指导，但缺乏一致性；法律是必须遵守的底线，具有明确和统一的标准，更能形成共识。二者相互作用，共同维护人工智能技术的规范，保障人工智能行业的健康发展。

探索发现

聊一聊我印象最深刻的人工智能事件

2022 年 8 月，发生了一起智能驾驶相关的交通事故。某司机在路上行驶时，开启了车辆的智能巡航控制和车道保持辅助功能。由于对人工智能的信任，司机在行驶过程中没有手握方向盘，车辆在一段时间内保持平稳行驶。然而，当一辆工程车停在前方道路并开启警示灯时，车辆的智能系统未能及时识别，这导致了两车相撞。随后，车辆自动执行了紧急刹车和气囊弹出等安全措施。虽未造成人员伤亡，但却引发了公众对智能驾驶技术安全性和可靠性的广泛讨论。

近年来，科技感十足的车辆逐渐受到人们的喜爱，相关事故的发生率也有所上升，暴露出“法律空白”。例如，2023 年，一位司机饮酒后开启了辅助驾驶功能，想让车辆“自动”带自己回家，但在行驶过程中却与收费站安全岛发生碰撞。驾驶过程中该司机一直处于熟睡状态，未对车辆进行有效控制。这一事件引发广泛关注，许多人认为，现行法律对此类情况缺乏明确规定，存在一定的法律空白。

人工智能的快速发展为我们带来诸多便利的同时，也降低了使用这些技术的门槛。除上面提到的智能辅助驾驶带来的争议外，在其他领域（如自动生成内容的版权问题等）也存在法律不明确的地方。面对人工智能带来的变革，谈谈你印象最深刻的人工智能相关案例，并思考目前法律层面还存在哪些不足，如表 4-2 所示。

表 4-2 “聊一聊我印象最深刻的人工智能事件”活动观察表

<table>
<tr><td colspan="3">基本信息
活动名称：聊一聊我印象最深刻的人工智能事件
活动日期：________________
参与者姓名：________________</td></tr>
<tr><td>案例名称</td><td>案例内容（概要描述事件经过，包括时间、人物、起因、过程）</td><td>事件结果</td></tr>
<tr><td></td><td></td><td></td></tr>
<tr><td></td><td></td><td></td></tr>
<tr><td colspan="3">拓展思考
我对____________案例印象深刻，是因为____</td></tr>
</table>

知识准备

4.2.1 人工智能法律框架的现状与需求

中国历史上一直蕴含法治的理念，早在北宋时期，王安石就在《周公》中提到：“立善法于天下，则天下治；立善法于一国，则一国治。”意思是说，在天下制定完备的法令制度，天下就得到治理；在一个国家制定完备的法令制度，一个国家就得到治理。

图 4-7 管仲

我国古代汉语中，“法”和“律”是分开使用的，但其字义接近，在《尔雅·释诂》中曾记载：“法，常也；律，常也，法也。”最早将其连起来使用的是春秋时期的管仲（见图 4-7），他曾说：“法律政令者，吏民规矩绳墨也。”意为法、律、政令，是治理百姓的规矩和准绳。时至今日，我们已习惯将这二字连用。

随着人工智能在各行业的广泛应用，伦理问题日益凸显，面对其带来的全球性挑战和不确定性，世界各国正积极寻求有效的人工智能伦理治理途径，其中最为关键的是建立完善的法律框架。就如我们前面所提到的，法律框架的完善能够标准化规范技术应用，推动建立国际化的统一标准，明确责任归属，保障使用过程中的公平性与透明性，保护我们的合法权益。此外，健全的法律体系还可以确保人工智能技术发展方向始终与人类的伦理道德保持一致，为社会带来更多福祉和发展机遇。

接下来了解一下我国及世界其他国家在构建人工智能法律框架方面采取了哪些有效措施，以及人工智能法律框架的需求。

1. 我国的人工智能法律框架

人工智能的发展最早可追溯到 1956 年，在其几十年的发展历程中，我国相继出台了一系列政策以推动科技创新并保障各方合法权益。2017 年 6 月 1 日，《中华人民共和国网络安全法》正式实施，这是我国第一部全面规范网络安全管理问题的基础性法律，为相关技术在法治轨道上的健康发展提供了重要依据。随后我国又陆续发布了十余项政策（见表 4-3），从人工智能技术的监管、算法使用等多方面进行了明确规定。可以说，我国在完善法律框架、支撑人工智能的创新性发展和维护公众利益等方面做了大量工作。

表 4-3　中国人工智能相关政策文件

序号	名　　称	实施时间	发 布 源	文件类型
1	《中华人民共和国网络安全法》	2017 年 6 月 1 日	第十二届全国人民代表大会常务委员会第二十四次会议	法律
2	《中华人民共和国民法典》	2021 年 1 月 1 日	第十三届全国人民代表大会第三次会议	法律
3	《中华人民共和国个人信息保护法》	2021 年 11 月 1 日	第十三届全国人民代表大会常务委员会第三十次会议	法律
4	《中华人民共和国数据安全法》	2021 年 9 月 1 日	第十三届全国人民代表大会常务委员会第二十九次会议	法律
5	《新一代人工智能伦理规范》	2021 年 9 月 25 日	国家新一代人工智能治理专业委员会	规范
6	《互联网信息服务算法推荐管理规定》	2022 年 3 月 1 日	国家互联网信息办公室 2021 年第 20 次常务会议	规定
7	《关于加强科技伦理治理的意见》	2022 年 3 月	中共中央办公厅、国务院办公厅	意见
8	《上海市促进人工智能产业发展条例》	2022 年 10 月 1 日	上海市第十五届人民代表大会常务委员会第四十四次会议	条例
9	《深圳经济特区人工智能产业促进条例》	2022 年 11 月 1 日	深圳市第七届人民代表大会常务委员会第十一次会议	条例
10	《互联网信息服务深度合成管理规定》	2023 年 1 月 10 日	国家互联网信息办公室 2022 年第 21 次常务会议	规定
11	《人工智能安全标准化白皮书（2023 版）》	2023 年 5 月 29 日	全国信息安全标准化技术委员会 2023 年第一次标准周“人工智能安全与标准研讨会”	文件
12	《生成式人工智能服务管理暂行办法》	2023 年 8 月 15 日	国家互联网信息办公室 2023 年第 12 次常务会议	办法

2. 其他国家的人工智能法律框架

1）欧盟

欧盟是全球人工智能法律的先行者。2024 年 3 月 13 日，欧盟正式通过《人工智能法案》，这是全球首个全面的人工智能监管法案，为未来全球人工智能法律框架的完善奠定了基础。该法案对人工智能应用进行了风险划分，对不同风险的系统提出不同的监管要求。

除了上述法案，欧盟还发布了一份具有代表性的政策文件——《人工智能白皮书——通往卓越和信任的欧洲路径》，该文件于 2020 年 2 月 19 日提出。文件中强调建立一个“可信赖的人工智能框架”的重要性，这一原则已成为当前人工智能伦理治理的重要指导原则之一。

2）美国

与欧盟相比，美国尚未制定全面的国家层面法律来监管人工智能技术的发展。美国更注重在保护公民和权益的同时推动技术进步。2022 年 10 月 4 日，美国政府提出《人工智能权利法案蓝图》，在防止算法歧视、保护数据隐私、建立安全有效的系统等五个方面划定清晰界限，并要求各大模型达到该蓝图的评估标准。2023 年 10 月 30 日，时任美国总统乔·拜登签署了《关于安全、可靠、值得信赖地开发和使用人工智能的行政命令》，该行政命令涵盖了行业标准、公民权利、隐私保护、技术创新等多个方面，是美国目前最为全面的人工智能技术治理方案。

3. 人工智能法律框架的需求

1）融入道德准则

人工智能法律框架的完善必须立足人的需求，融入伦理道德。在人类社会生活中，遵守道德伦理会促进社会的公平，维护公正的秩序，保障个人的合法权益；在网络世界中，伦理道德也同等重要，它是人工智能发展的基石和重要指南，将伦理道德融入法律体系，可以确保人工智能的发展符合人类社会的道德标准，降低技术带来的社会风险。

2）建立全球化法律统一标准

人工智能技术带来的机遇和挑战超越了国界，但从目前情况来看，各个国家、组织在人工智能法律框架的建设上标准并不统一，而保持全球化法律一致性，有助于共同应对技术风险。2024 年 9 月 5 日，美国、英国、欧盟等国家和国际组织签署了《人工智能、人权、民主和法治框架公约》，意在加强国际化政策协调，推进国际合作。这是建立全球化法律标准迈出的重要一步。

3）适应技术发展的不确定性

人工智能技术的发展迭代速度明显快于立法进程，在这种背景下，需要加快立法步伐并构建多层次的人工智能法律体系，完善分级监管、数据合规、伦理审查等法律制度，实现人工智能规制与发展的平衡统一。

视野拓展

欧盟《人工智能法案》立法历程回顾

欧盟《人工智能法案》立法过程异常曲折。2021 年 4 月，欧盟委员会提出《人工智能法案》提案的谈判授权草案，随后又经过多轮修订、讨论，直至 2022 年 12 月才形成《人工智能法案》草案的最终版。

2023 年 5 月，欧盟议会内部市场委员会和公民自由委员会投票通过了该草案。同年 6 月，欧洲议会对该草案进行表决，以 499 票赞成、28 票反对和 93 票弃权，高票通过了《人工智能法案》草案。但在这之后，仍有具体规则方面难以达成一致，历经多轮谈判，最终在 2023 年 12 月，欧洲议会、欧洲理事会、欧盟委员会三方达成协议，此时只需得到欧盟成员国和议会的批准即可生效。

2024 年 2 月，欧盟 27 国代表投票一致支持《人工智能法案》。

2024 年 3 月 13 日，欧洲议会以 523 票赞成、46 票反对和 49 票弃权审议通过《人工智能法案》。

2024 年 8 月 1 日，欧盟发布的全球首个《人工智能法案》在整个欧盟范围内生效，其分阶段实施时间轴如图 4-8 所示。历经 3 年时间，这部具有里程碑意义的法案才完成立法程序。

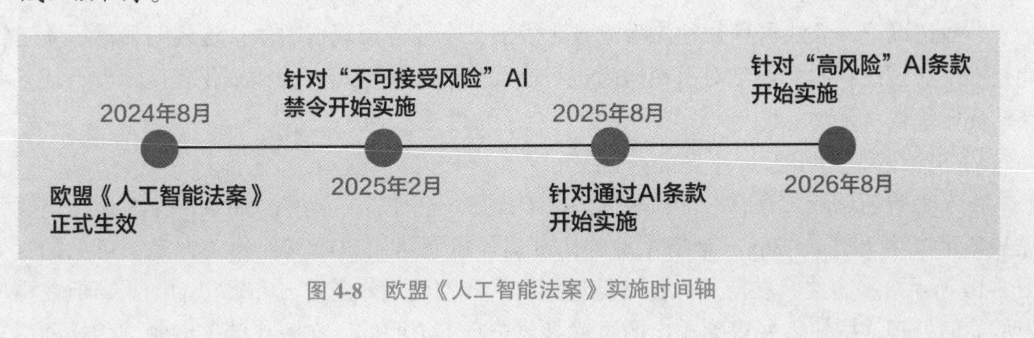

图 4-8　欧盟《人工智能法案》实施时间轴

4.2.2　责任界定在人工智能中的难点与对策

现代汉语中，责任有两层含义：一层含义是指个体分内应做的事，如道德的规范、职业要求和法律法规等；另一层含义是指承担的后果、处罚等。这里所说的“责任”是指源于法律规定或当事人间的契约而产生的法律效果。

网络安全公司 Surfshark 发布的报告显示：自 2010 年起，人工智能事故数量逐年上升。2010—2013 年为 18 起，2014—2019 年增至 207 起，2020—2023 年达到 293 起（见图 4-9）。这一增长趋势预示伴随 AI 应用的扩展，AI 事故数量可能会继续增加。那么，该由谁负责这些事故呢？这是一个复杂且值得深入探讨的问题。

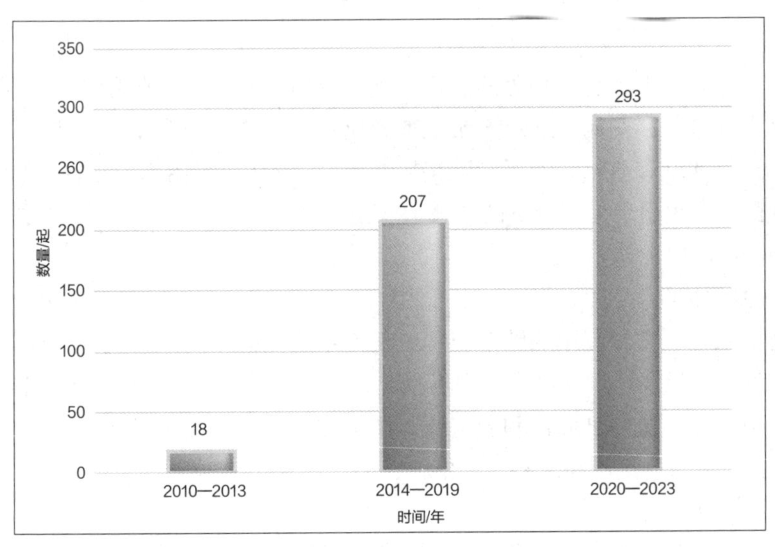

图 4-9　2010—2023 年人工智能事故数量

1. 责任界定的复杂性

1）责任主体多样

目前，人工智能仍处于“弱人工智能”阶段，根据现有法律，AI 本身不能被视为责任主体。然而从 AI 平台的设计到应用全过程涉及众多主体，包括算法设计者、数据收集者、软件开发者、硬件制造商、AI 服务使用者等。在现有法律和伦理规范下，当事故发生时，很难明确指出由哪一方承担主要责任。

2）法律框架不完善

一般情况下，立法进程往往滞后于技术发展，全球各国现行的法律法规明显落后人工智能技术发展速度，因此很难对潜在风险进行全面规制。我国现有法律细化程度不够，缺乏明确的责任条款，导致实践中无法依照既定规范追究相关主体的责任。

3）决策透明度问题

在人工智能领域，存在一个广受关注的问题——“黑箱问题”。那么，什么是黑箱模型呢？黑箱模型（Black Box）是指模型的内部运作机制对用户或其他相关方是不可见的，如图 4-10 所示。换言之，在使用人工智能应用时，我们明确知道输入和输出的结果，但在模型内部如何处理这些输入并得到输出的过程是复杂且不透明的。在医疗等关键领域，这种不透明性可能导致严重的伦理问题。例如，在使用手术机器人的过程中出现操作失误，因为其黑箱性，我们无法确定错误的根源，不仅增加了人类对人工智能技术的不信任，而且增加了责任归属难度。

图 4-10 人工智能黑箱模型

2. 人工智能责任界定的对策

1）建立全面的法律框架

加快制定和完善与人工智能相关的法律法规，明确各参与主体在开发、应用和运营过程中的权利、义务和责任。例如，规定算法设计者应对算法的安全性和合理性负责，数据收集者需确保数据的合法性和质量，使用者应按照规定的方式和范围使用人工智能产品等。通过明确的责任分配，避免出现无人担责的“公地悲剧”，确保生成式人工智能的侵权损害赔偿责任等案例有明确的承担主体。

2）强化风险评估与管理

在人工智能系统开发和应用的整个流程中引入系统化的风险评估机制，提前预测并评估潜在的风险和意外后果。针对高风险应用场景（如自动驾驶、医疗领域等），实施严格的安全测试和验证，以确保系统的可靠性和稳定性。制定详尽的风险应对策略，降低风险发生的概率及其影响程度，有效防范潜在威胁。

3）提高算法透明度

推动人工智能算法的可解释性研究，开发能够清晰展示算法决策过程和依据的技术方法。

例如，利用可视化工具、规则提取算法等手段，帮助开发者和监管者更好地理解人工智能系统的内部运作机制，更准确地进行责任界定。鼓励开发者遵循透明性原则，在设计时尽可能采用简单易懂的模型和算法结构，提升系统的可解释性。

4）促进多方合作与沟通

加强政府、企业、科研机构及法律界之间的协作与交流，共同探讨人工智能责任界定的问题和解决方案。组建跨领域的专家团队和咨询机构，为人工智能的发展提供政策建议和技术指导。通过多方合作，形成合力，共同应对人工智能带来的责任界定挑战，推动技术健康发展。

视野拓展

2024 年 2 月，广州互联网法院生效了一起生成式人工智能服务侵犯他人著作权判决，这也是全球范围内首例生成式 AI 服务侵犯他人著作权的生效判决。

（1）案件双方：原告，拥有奥特曼系列形象的著作权的独占授权的公司；被告，某提供“AI 绘画”服务的人工智能公司。

（2）案件起因：某人工智能公司提供人工智能对话和绘画功能，当输入生成某奥特曼照片时，生成的内容与原告奥特曼形象构成实质性相似。原告认为，被告是在没有得到授权的情况下，利用原告享有权利的数据（作品）进行训练，并通过会员充值和购买“算力”的方式进行营利，对原告造成了严重损害。

（3）事件判决：被告（某人工智能公司）在提供生成式人工智能服务过程中侵犯了原告对案涉奥特曼作品所享有的复制权和改编权，并应承担相应民事责任。

此案件引发的争议有两点：一是被告是否侵犯了原告的合法权益；二是被告应承担何种程度的责任。在该判决中，法院依据《生成式人工智能服务管理暂行办法》《互联网信息服务深度合成管理规定》等法律法规，明确列出生成式人工智能服务提供者的注意义务。这是继 2023 年 11 月北京互联网法院对“AI 文生图”著作权侵权纠纷做出裁决之后，中国又一具有代表性和创新性的司法案例。

4.2.3 完善人工智能法律框架与责任界定的方向

在人类历史的进程中，每次科技革命的爆发都会带来新的治理难题和挑战。当前，人工智能正驱动新一轮的科技与产业变革，潜力巨大，但同时也伴随难以预估的风险。

1. 人工智能法律框架发展方向

1）立足“以人为本，智能向善”的基本理念

“智能向善”强调在法律、伦理和人道主义层面规范人工智能的发展，以确保其安全可控。尽管全球文化多元且价值体系存在差异，但各国普遍认同科技应该造福人类，并致力于在安全与发展中取得平衡，将人类需求置于首位，共同完善相关法律框架。

2）细化人工智能伦理准则，达成全球共识

目前，全球各国已发布超过数十项关于人工智能的文件、指南或原则，在保护隐私和明

晰责任等方面达成广泛共识。这表明在法制框架的价值观上，世界各国已基本达成一致。随着技术的不断进步，现有法律、细则等仍需进一步完善。相信未来各国会秉承“求同存异”的理念，制定满足不同责任主体需求的准则，从人类命运共同体的视角出发，共同治理人工智能带来的伦理风险。

3）科技发展与安全的价值平衡

欧盟《人工智能法案》之所以立法过程曲折，是因为各利益方对法案的看法不一。在人工智能迅速发展的今天，立法的原则是对人工智能技术进行发展性保护，促进科技发展的同时，防范风险、治理乱象。安全是科技发展的底线，没有安全保障，科技就无法持续发展。2024 年 9 月 22 日，联合国未来峰会通过了《全球数字契约》，强调发展优先、惠普包容、创新驱动，保护数字空间文化多样性，以营造开放、公平、包容和非歧视的数字发展环境。

4）完善人工智能标准体系，用法律手段守护“底线”

强化技术与制度的结合，构建“标准引领 + 技术防范 + 法律规制”的综合体系。重点加强伦理驱动的技术研究和标准规范，完善人工智能标准体系，特别是将监管、隐私保护等作为新一代人工智能标准体系的关键发展方向。对于技术较为成熟的人工智能领域，可以率先开展责任界定研究，推动建立细分领域的法律法规体系，形成有效的监管和治理机制，用法律手段守护人工智能应用的安全底线。

2. 责任界定的发展方向

人工智能依托海量数据和深度学习算法，在自然语言理解和内容生成方面有不俗表现，在多个行业和场景中展现出巨大潜力。而对于人工智能引发的责任界定难题，也一直是研究和舆论关注的焦点。未来，责任界定的发展方向包括以下几个方面。

1）构建人工智能责任规范，以法律为基本依据进行责任划分

传统人工智能问题大多可以通过现行法律解决，但生成式人工智能的广泛应用和事故频发，使填补其在责任界定上的“法律空白”变得尤为紧迫。

2）突破人工智能基础理论和技术难点

前面我们提到的“黑箱问题”是当前人工智能的普遍难题，其削弱了人工智能大模型的可解释性和透明性。深耕人工智能的基础理论研究，推动技术“去黑盒化”，在出现有争议的人工智能事件时，可以借助解释模型来辅助确定责任归属。

3）创新监管机制

监管的目的是进行前瞻性预防和约束引导，以此降低人工智能带来的风险。监管机制的建立有助于规范不同责任主体的行为，保障行业规范。

视野拓展

何为“智能向善”？

2024 年 12 月 2 日，《咬文嚼字》编辑部发布了 2024 年十大流行语，其中“数智化”“智能向善”等词语入选（见图 4-11）。这些词语体现了我们对人工智能技术发展的期许，希望其发展能够与人类的价值观保持一致，并为增进人类福祉做出贡献。

图 4-11　2024 年“十大流行语”

2023 年 4 月 7 日，中国与法国在《中法联合声明》的基础上达成共识，共同致力于促进安全、可靠和可信的人工智能系统发展，明确提出“智能向善”（AI for good）的宗旨。2023 年 10 月 18 日，国家网信办发布的《全球人工智能治理倡议》中也强调，发展人工智能应坚持“智能向善”的宗旨，遵守适用的国际法，符合和平、发展、公平、正义、民主、自由的全人类共同价值，共同防范和打击恐怖主义、极端势力和跨国有组织犯罪集团对人工智能技术的滥用。

“智能向善”作为人工智能治理的核心理念，要求在法律、伦理和人道主义层面规范人工智能技术的价值取向，以确保其发展安全可控，对全球范围内的人工智能治理产生广泛而深远的影响。

4.3　数据安全与隐私保护

如今，我们的生活越来越离不开网络，在使用各种应用软件的过程中会产生大量数据，其中就包含诸多个人敏感信息，如身份证号、人脸生物信息和家庭住址等。一旦这些信息被泄露，将给用户带来巨大风险。人工智能技术的发展依赖于庞大的数据集，而数据量的急剧增加及数据类型的日益多样化，又会催生多重数据安全风险。

探索发现

人工智能带来的数据安全和隐私风险

在日常生活中，我们经常会面临数据泄露的风险。例如，在商场门口经常会有人邀请我们扫描二维码下载 App 或填写问卷以换取礼品。可扫码不久后，我们可能会频繁接到推销电话，对方对我们的个人信息了如指掌。其实从我们提交个人信息的那一刻起，数据泄露的风险就已存在。现在非常流行的 AI 换脸功能也存在安全隐患，仅凭某人的照片，就可以在对方不知情的情况下进行 AI 换脸。数据安全和隐私风险无处不在，你认为这些风险对我们的生活有什么影响？面对风险我们该如何应对？请仔细思考问题，并填写表 4-4。

表 4-4 对数据安全和隐私风险的思考与理解

问　题	内　容
在生活中遇到或者听说过的一些数据安全事件（包括个人隐私泄露等）	
数据安全对我们的生活有什么影响	
你认为我们应该如何应对数据安全风险	

知识准备

4.3.1 数据安全在人工智能中的关键地位

数据安全在人工智能中扮演着至关重要的角色，它是人工智能技术发展的基础，更是维护个人隐私、企业利益和国家安全的关键。近年来，世界各地数据安全事件频发，这些事件的发生带来了哪些影响？让我们一起来了解一下吧！

1. 数据安全的定义

自 2021 年 9 月 1 日起正式施行的《中华人民共和国数据安全法》第三条明确规定了数据及数据安全的定义：数据是指任何以电子或者其他方式对信息的记录；数据安全是指通过采取必要措施，确保数据处于有效保护和合法利用的状态，以及具备保障持续安全状态的能力。

数据全生命周期描述了数据从生成到最终销毁的完整过程，在这一过程中，数据安全覆盖了六个关键阶段，即数据采集阶段、数据传输阶段、数据存储阶段、数据处理阶段、数据交换阶段及数据销毁阶段，如图 4-12 所示。

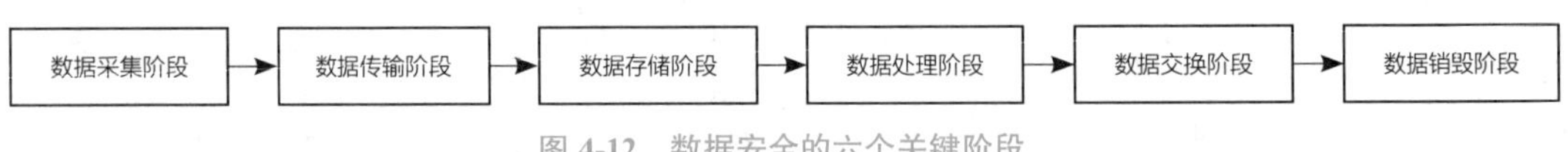

图 4-12 数据安全的六个关键阶段

2. 人工智能应用中数据安全风险

数据安全风险可能来自数据生命周期的任何一个阶段。

1）数据采集阶段

人工智能训练需要以大量的数据作为支撑，这些数据可能来源于公开资源（如网络爬虫、数据交易平台等），也可能是在用户使用服务过程中收集的。可无论是何种方式，都存在未经用户知情或同意而使用数据的风险。

2）数据传输和存储阶段

如果在数据传输和存储过程中未采取足够的保密措施，数据就可能被攻击者篡改、泄露或“投毒”，导致个人信息泄露和模型数据被“污染”。

3）数据处理阶段

在数据处理阶段收集的数据中可能会含有偏见、虚假信息或侵犯知识产权的内容。若使用这些不当数据进行训练，得到的模型输出结果或可引发违法、歧视等问题。

3. 数据安全的重要性

数据是社会经济发展的重要生产要素和国家基础战略型资产，也是人工智能的核心要素之一。它推动了人工智能的高质量发展，反之人工智能也能提升数据的管理和应用水平。人工智能犹如一把双刃剑，推动社会发展、引领产业变革的同时，也带来了新的数据安全隐患，两者的关系如图 4-13 所示。

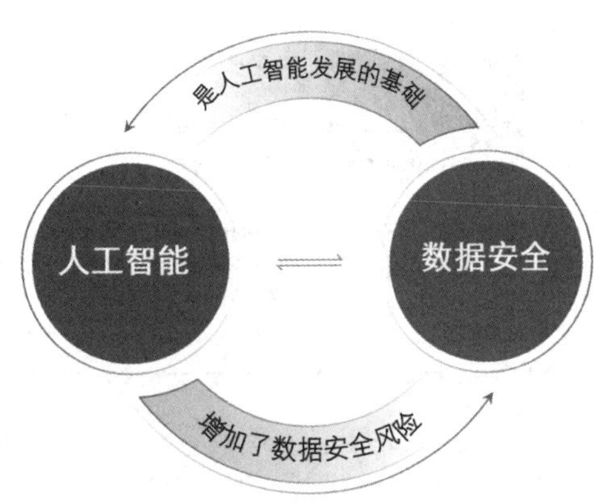

图 4-13　人工智能与数据安全相互影响

数据安全风险的影响包括以下几个方面。

1）危害公民权益

人工智能算法依赖大量数据进行训练，一旦包含有个人隐私信息的数据发生泄露，不法分子便可能利用这些信息实施精准诈骗或营销骚扰，严重威胁公民的人身和财产安全。

2）影响人工智能应用安全性

人工智能系统通过分析大规模的样本数据来寻找“规律”并输出结果。如果在训练过程中发生数据篡改等安全事件，导致其使用有偏差或被恶意修改的训练样本则会生成错误结果。例如，攻击者篡改训练数据中的交通信号灯图像，可能导致智能驾驶车辆识别失误，严重影响系统的可靠性和安全性。

3）制约人工智能产业发展

数据安全是建立用户信任的关键因素，只有当用户确信其数据在人工智能应用中得到妥善保护时，才会继续使用相关服务。频繁的数据安全事件会削弱公众对人工智能技术的信心，制约人工智能产业的健康发展。

视野拓展

数据安全和隐私保护与我们的生活息息相关，但我们对其风险却了解甚少。“科普中国”是一个科普类网站，提供了很多专业机构发布的数据安全相关知识，从中我们可以了解当前人工智能数据安全领域的最新发展和隐私保护手段（见图 4-14）。当然，同学们也可以在该网站搜索其他感兴趣的内容，拓宽视野，增进对科技进步和社会变化的理解。

图 4-14 科普中国网站

4.3.2 人工智能时代隐私保护面临的挑战

在大数据、机器学习及物联网等技术的推动下，个人数据的收集、处理和使用变得越发频繁和复杂。近年来，因人工智能应用导致个人信息被侵犯的事件呈上升趋势，个人隐私保护面临前所未有的挑战。

1. 个人隐私和个人信息

我们经常提到要注重个人信息的隐私保护，但其实个人信息和个人隐私并不是等同的概念，二者相关但有所区别。

1）个人隐私

根据《中华人民共和国民法典》的规定，隐私是自然人的私人生活安宁和不愿为他人知晓的私密空间、私密活动、私密信息。个人隐私包括身体隐私、行动隐私、行为隐私、身份隐私、名誉隐私、肖像隐私、个人收入隐私及个人经历隐私。

2）个人信息

《中华人民共和国个人信息保护法》规定，个人信息是指以电子或者其他方式记录的与已识别或者可识别的自然人有关的各种信息。这其中包括姓名、出生日期、身份证号、生物识别信息、住址、电话号码、电子邮件、健康信息、交易信息等。

2. 隐私风险来源

在人工智能应用的各个阶段均存在隐私风险，其风险来源主要包括以下几个方面。

第一，人工智能数据收集阶段。大量的个人数据被收集，如果缺乏有效的保护措施，会显著增加隐私泄露的风险，不当或者过度的数据收集易使用户敏感信息暴露。

第二，人工智能应用阶段。用户与人工智能应用互动时，可能无意中共享了个人敏感数据，特别是在对话式 AI 或智能助手等场景下，易引发潜在的隐私风险。

第三，外部攻击导致的隐私泄露。黑客能够通过观察和分析人工智能系统的输出结果，利用系统漏洞或者算法弱点推测并获取隐私数据。

第四，内部管理漏洞。企业内部的数据管理和操作不规范，如未严格遵循数据处理规定或疏忽大意，也会导致数据泄露，威胁用户的隐私安全。

3. 隐私风险的表现形式

人工智能已被广泛应用于各行各业，伴随而来的风险也在逐步增加，这些风险基本可以分为数据泄露和数据滥用两类，如图 4-15 所示。

1）数据泄露

用户敏感信息可能在未经本人同意或不知情的情况下，因黑客攻击、系统安全漏洞或企业内部管理不当等，被未经授权的第三方获取使用。

2）数据滥用

在人工智能系统开发与应用过程中，部分服务提供商可能会超出最初约定的数据授权范围，进行数据的过度采集或不当利用。

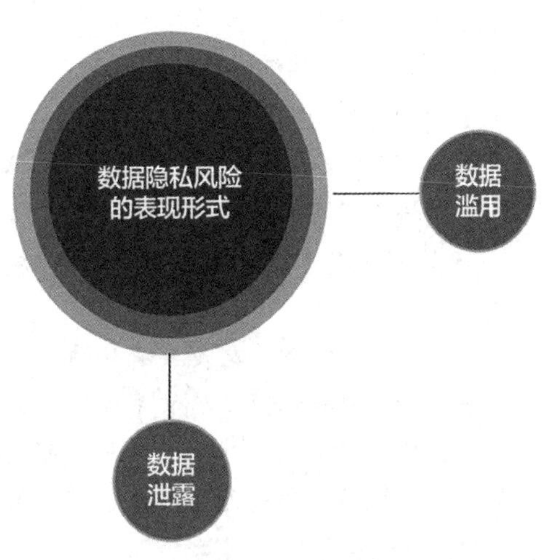

图 4-15　数据隐私风险的表现形式

4. 隐私保护面临的挑战

1）法律法规和监管仍不完善

虽然我国已搭建基本的法律框架，但随着技术的不断发展与更新，现行法律还没有实现全覆盖，需要不断跟进和修订。

2）企业对数据的收集、处理、共享不规范

隐私保护风险可以来自数据处理的每一个阶段，企业在进行开发人工智能应用的过程中，可能并未按约定收集、处理和共享数据。2023 年，美国多名艺术家对 Stability AI 公司提出诉讼，因为该公司的人工智能生成应用在未经各位艺术家授权的情况下，擅自使用其作品训练模型。

3）技术手段不够先进

数据加密技术、攻击防御技术等是隐私保护的重要手段，但随着防护技术的进步，黑客的攻击手段也在不断升级。人工智能时代，需要研发更为先进的隐私保护技术。

4）个人隐私保护意识不够重视

近年来，我国一直致力于全民防诈工作，使我们对网络诈骗有所防范，但不法分子的手段层出不穷，利用人工智能技术的新型窃取个人隐私的手段让我们防不胜防，提高公民人工智能时代的隐私保护意识仍然是当前面临的巨大挑战。

视野拓展

深度伪造是什么?

深度伪造（deepfake）是利用深度学习等人工智能技术和算法生成或操纵音视频内容的技术，其中AI换脸是其最典型的应用。最初，深度伪造技术主要用于视觉艺术和娱乐行业，用以制作较为逼真的特效，但后期随着该技术的逐渐成熟，不法分子开始利用它制造虚假新闻和欺骗性视频，造成了非常严重的社会影响。

2023年4月，福建某公司法人代表郭某接到朋友的视频电话，称因工作原因需要430万元，其再三确认是朋友面孔和声音后，十分钟内向对方转账430万元，事后发现是诈骗分子利用AI换脸和模拟声音技术佯装受害人好友。同年5月，又一起AI换脸诈骗事件发生，9秒内诈骗金额达132万元。

2024年2月，奇安信集团公开了一份《2024人工智能安全报告》。该报告揭示了12种人工智能威胁，特别指出在2023年，利用深度伪造技术进行欺诈的事件增长了30倍。

技术带来的影响总是具有双面性，面对深度伪造，我们应该如何辨别？首先保持警惕，仔细观察细节，尽管生成的内容非常逼真，但在局部模糊或扭曲、表情不自然以及神情语言不同步等细节方面仍可能露出破绽。其次可以观察视频中的光影是否自然，若环境与人的肤色光线不一致，则可能是伪造。最后可以通过声音的音色、节奏和口头禅等特征进行判断。

4.3.3 加强数据安全与隐私保护的策略

数据安全和隐私保护对个人权益、企业竞争力和国家安全非常重要。2023年3月，意大利个人数据保护局宣布暂时禁止使用聊天机器人ChatGPT，因为他们发现在使用ChatGPT的过程中出现了用户对话数据和付款服务支付信息丢失的情况，而且该平台在用户不知情的情况下处理收集信息，缺乏大量收集和存储个人信息的法律依据。此外，虽然OpenAI公司发布的条款中提到ChatGPT面对13岁以上的用户，但是在实际使用过程中，并没有年龄核实手段验证用户年龄。在人工智能时代，如何构建更安全的人工智能数字环境?

1. 我国数据安全和隐私保护法律现状

我国在数据安全和隐私保护领域已经建立坚实的基础。先后出台《中华人民共和国数据安全法》《中华人民共和国个人信息保护法》《中华人民共和国网络安全法》等。在2021年1月1日正式施行的《中华人民共和国民法典》中也规范了人工智能技术的开发和使用，为数据安全和个人信息隐私保障构建了全面且系统的法律框架。

2024年2月29日，全国网络安全标准化技术委员会发布《生成式人工智能服务安全基本要求》，对生成式人工智能服务的语料安全、模型安全和安全措施等进行了详细规定，是应对人工智能时代数据安全风险的重要举措。

2024年8月30日，国务院第40次常务会议审议并通过了《网络数据安全管理条例》，并于2025年1月1日正式实施。该条例进一步细化了关于个人信息告知、同意以及个人权力行使的规定，标志着我国数据安全和隐私保护治理法律体系正在逐步走向成熟和完善。

2. 全面的安全策略

人工智能时代，数据变得更为复杂，传统的数据安全举措已难以应对，需从新的视角出发采取全面安全策略，最大限度地降低数据安全风险。

1）转变理念，预防风险

治理理念决定了治理的目标和手段，在传统数据安全治理中，我们多是被动应对。可在面对人工智能带来的数据安全风险时，我们应该以“预防 + 应对”的理念推动数据安全建设，深入了解潜在风险，全面开展风险预防措施。

2）多元参与，合作治理

政府层面：持续细化、完善法律框架，加强对人工智能应用及跨境数据流动的监管，及时发现并处理数据安全和隐私保护问题；推动国际合作，建立数据通用标准，防止因不同国家法规不一致导致的数据隐私漏洞。

企业层面：企业在开发人工智能应用时，应严格遵守国家政策，不能在个人不知情的情况下或使用强制性手段收集、处理数据；须建立企业内部数据治理框架，明确管理流程，确保责任到人，并对数据进行全生命周期管理和保护。

个人层面：提高个人数据安全和隐私保护意识，了解常见风险手段，保持警惕，防止落入数据泄露陷阱；在使用人工智能应用时，仔细阅读隐私政策和协议，了解个人数据的收集、处理和共享程度，确保自身数据安全；定期清理缓存和无用数据，更换设备时及时清除照片、文件等信息，注销不再使用的平台账号，以减少数据泄露风险。

3）强化技术，支撑治理

通过采用先进的加密算法、隐私保护技术和严格的访问控制等手段，提升数据安全防护能力，同时利用人工智能技术的自我学习和进化特点，将数据保护从被动防御转变为主动防御，以更有效地应对复杂多变的安全威胁。

视野拓展

数据安全治理相关技术

（1）数据加密：一种将数据转换成只有授权用户才能解密和阅读的技术，包含算法和密钥（一串数字）两种元素。数据加密技术通过复杂的算法将原始数据（明文）转换为难以理解的形式（密文），从而保护数据在传输和存储过程中的安全性和机密性。常见的加密方法包括对称加密和非对称加密，对称加密使用相同的密钥进行加密和解密，而非对称加密则使用一对密钥，即公钥和私钥，公钥用于加密数据，私钥用于解密数据。

（2）访问控制：用于确保只有授权用户才能访问特定的数据或资源。其通过身份验证和授权机制管理用户对数据的访问权限。身份验证是确认用户身份的过程，通常通过密码、生物识别等方式实现。授权则是根据用户的身份和角色，决定其可以访问哪些数据和执行哪些操作。

（3）数据脱敏又称数据去标识化，是对敏感隐私数据进行处理，使其在不失去原有数据特性的同时，无法被直接识别或恢复为原始数据的过程。静态数据脱敏，是指数据传输前对敏感信息进行替换、模糊化等处理，如将姓名替换为代号或对电话号码进行部分隐藏。而动态数据脱敏则是在敏感数据访问时根据访问者角色和权限进行不同的脱敏处理。数据脱敏作为一种有效的隐私保护手段，通过对敏感数据进行变形处理，降低其被识别和滥用的风险。

（4）数据备份与恢复：用于防止数据丢失或损坏，并在发生故障时能够快速恢复数据。数据备份是将数据定期复制到一个或多个安全的存储介质中，以便在原始数据丢失或损坏时可以恢复。备份可以是完整的（备份所有数据）或增量的（只备份自上次备份以来发生变化的数据）。数据恢复则是在数据丢失或系统故障时，从备份中恢复数据的过程。

自我测试

1. 谈一谈：人工智能技术在某些行业的广泛应用导致部分工作岗位被替代，从伦理角度看，社会应如何应对？

2. 想一想：若人工智能创作的作品（如绘画、音乐）引发了版权纠纷，哪种证据可以成为责任判定的依据？

模块自评

<table>
<tr><td>模块名称</td><td>模块 4　智守伦理——担当人工智能伦理与责任</td><td>评价人</td><td></td></tr>
<tr><td colspan="3">检查评价点</td><td>评价等级（A、B、C、D）</td></tr>
<tr><td rowspan="3">素质</td><td colspan="2">通过探讨人工智能伦理挑战的表现形式，识别并理解人工智能技术可能带来的伦理问题，培养科技使用中的伦理意识和社会责任</td><td></td></tr>
<tr><td colspan="2">通过了解数据安全的重要性及隐私保护面临的挑战，认识个人信息的重要性，并学会采取适当的措施保护自己和他人的数据</td><td></td></tr>
<tr><td colspan="2">通过分析典型的人工智能应用场景及其背后的伦理及法律问题，锻炼批判性思维能力，从不同角度审视科技发展的影响</td><td></td></tr>
<tr><td rowspan="4">知识</td><td colspan="2">掌握人工智能伦理相关概念</td><td></td></tr>
<tr><td colspan="2">了解人工智能伦理挑战的表现形式</td><td></td></tr>
<tr><td colspan="2">了解道德准则在人工智能中的重要性</td><td></td></tr>
<tr><td colspan="2">了解国内外人工智能伦理治理现状</td><td></td></tr>
</table>

续表

知识	了解国内外人工智能法律框架	
	掌握数据全生命周期有哪些阶段，理解数据安全的重要性	
	了解人工智能黑箱模型	
能力	能关注并思考人工智能可能带来的安全与伦理问题	
	能分析、列举人工智能法律法规的新需求	
	能识别实际应用案例中的人工智能伦理问题	
	能识别隐私风险来源及表现形式	

注：评价等级 A 为优秀、卓越；B 为良好，还有提升空间；C 为一般，有待提升；D 为较差，需重点关注。

模块 5　智绘未来——人工智能未来发展与职业方向规划

模块导读

人工智能的发展与职业前景正步入一个前所未有的黄金时代。随着技术的不断革新，AI 正逐步渗透至社会经济的各个环节，从智能制造到智慧城市，从精准医疗到金融科技，其影响力与日俱增。面对这样一个充满机遇与挑战的时代，了解并掌握 AI 的发展趋势、技术革新以及如何在这一领域内规划个人职业生涯显得尤为重要。

本模块将引领大家深入探索 AI 的未来发展趋势，剖析影响其发展的关键因素，揭示技术进步如何为人工智能注入新动力；同时，我们还将一同探讨 AI 领域内的多样化职业路径及所需的专业技能，学习如何提升职业能力并制定个人职业规划。

学习目标

1. 了解人工智能的主要未来趋势，掌握其核心技术的发展方向，及在各个领域内的应用。
2. 了解人工智能时代新型职业及应具备的关键能力。
3. 掌握人工智能领域内多样化的职业路径选择，明确其所需的专业技能与知识要求。

5.1　未来趋势与技术发展

人工智能正处于一个快速发展和广泛应用的时期。随着大数据的积累、计算能力的提升以及算法的不断优化，人工智能技术在各个领域取得了显著突破。全球科技竞争的加剧，促使各国政府和企业纷纷加大对 AI 技术的投入，推动其在医疗、金融、教育、交通等领域的广泛应用。AI 已经成为推动经济社会发展的重要力量，也是未来科技竞争的关键领域。

探索发现

欣赏油画《埃德蒙·德·贝拉米肖像》

在佳士得伦敦市中心画廊那洁白无瑕的墙壁上，悬挂着一幅装裱于金色画框中的油画，画中一位身着洁白衬衣与深色外套的男士，其面部表情被巧妙地模糊处理，显得既神秘又引人遐想，整体呈现出一种斑驳未竟之感，仿佛艺术家的笔触尚未完全施展其魔力（见图 5-1）。画面的构图与笔触，仿佛带着 18 世纪油画的韵味以它那朦胧而富有诗意的笔触，勾勒出一位名为埃德蒙·德·贝拉米（Edmond de Belamy）的男士形象，令人印象深刻。

图 5-1　《埃德蒙·德·贝拉米肖像》

在 2018 年 10 月的佳士得拍卖会上，这幅人物肖像拍出了 432 500 美元的高价，几乎是最高估价的 43 倍，是哪位画家创作了这幅画作呢？请大家仔细看图片的右下角，一个不同寻常的签名静静地躺在那里。这幅画并非出自某位大师之手，而是一串精密的算法代码，仿佛在无声地诉说这幅画作的诞生之谜——由一个名为 Obvious 的人工智能所创作。Obvious 是由三位来自巴黎、年仅 25 岁的青年共同设计的作品。他们先将 1.5 万幅创作于 14 世纪—20 世纪的肖像画输入计算机，采用谷歌公司研究人员伊恩·古德费洛开发的算法“理解肖像画规则”。然后，软件自动生成一批新画像，《埃德蒙·德·贝拉米肖像》就是其中之一。除此之外，他们还挑选出另外 10 幅肖像画，命名为“贝拉米家族”（见图 5-2）。

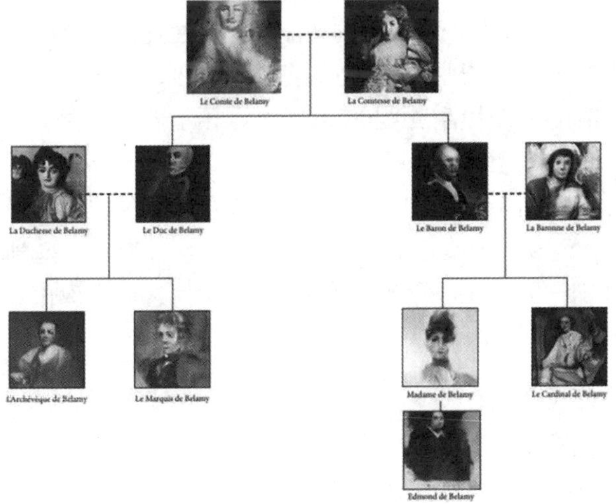

图 5-2　贝拉米家族

这些画像是技术与艺术的独特融合，是数字时代对传统肖像画的一次大胆探索与革新，打造了一场视觉上的“骗术盛宴”。鉴别器在面对生成器所“创作”的新图像时，往往会将其误认为是人类画师笔下的真实肖像。这一鉴别过程，与著名的“图灵测试”在本质上有异曲同工之妙，只不过在这场智慧的较量中，所有的参与者都是机器，它们以代码为笔、以算法为墨，共同绘制出这幅科技与艺术交织的奇妙画卷。

随着人工智能技术的不断发展，或许在未来的某一天，艺术将不再局限于艺术家的专属领域，而是进化为科技与艺术深度融合的结晶，跨越重重界限，探索并塑造前所未有的审美维度。对于 AI 创作的画作，你有怎样的看法呢？

思考或讨论

你心目中的人工智能未来会如何发展？

人工智能确实功能强大且日新月异，其应用领域广泛且深入。除了前面我们看到的绘画领域，它还能够进行复杂的数据分析、精准的模式识别，实现自然语言处理、机器翻译、智能推荐等多样化任务。那么，你心目中的人工智能未来会如何发展，填写表 5-1。

表 5-1　心目中的人工智能

问　　题	内　　容
你知道人工智能可以做什么？	
你感觉未来人工智能可以做什么？	
你希望人工智能帮你做什么？	

知识准备

5.1.1　人工智能的未来发展

随着大数据、云计算、物联网等前沿技术的深度融合与发展，人工智能正逐步且广泛地渗透到社会的各个角落，推动服务与应用的智能化、个性化水平迈向新高。从自动驾驶技术的革新、智慧医疗的精准诊断，到智能制造的自动化升级、金融科技的智能化服务，人工智能正以惊人的速度重塑我们的生活方式与工作模式，预示着一个更加智慧、高效且便捷的未来正加速向我们走来。

在此过程中，人工智能的影响力与日俱增，其在众多关键领域展现出的卓越能力，不仅显著提升了工作效率，还极大地改善了人们的生活质量。面对这一蓬勃发展的态势，人们不禁好奇：人工智能的未来发展趋势究竟会如何？其将如何进一步深化与各行业的融合，并创造更多前所未有的价值？

1. 人工智能技术的飞跃

1）生成式 AI 的进化

生成式 AI 技术将从“能用”迈向“好用”和“实用”。以 GPT-4 和讯飞星火大模型 4.0 Turbo 等为代表的新一代多模态模型，显著优化了跨媒介交互体验，提升了内容生成的效率与精确度。这些模型能够整合文本、声音、视觉信号等多模态信息，进行综合解析与智能响应，为智能家居、智慧城市、精准医疗、自动驾驶等多个领域开辟广阔的应用前景。

2）量子 AI 的崭露头角

量子计算与人工智能的结合孕育了量子 AI 这一新兴领域。量子 AI 利用量子计算机独有的量子叠加和量子纠缠特性，可以加速机器学习和优化算法的执行速度，追求更高效的计算能力和更精准的决策结果，预示着 AI 技术性能的又一次飞跃。

3）专业大模型与多模态大模型的加速发展

专业大模型通过针对特定领域的深度学习与优化，可达到高效的任务处理能力。在医疗健康领域，专业大模型能够辅助医生进行疾病诊断与治疗方案的制定；在金融领域，专业大模型则能提供精确的市场分析与预测服务。与此同时，多模态大模型能够无缝处理文本、图像、音频等多种数据类型，实现跨模态信息的深度整合与理解，为智能客服、自动驾驶等应用场景带来革命性的提升。

4）强化学习技术的融合创新

强化学习技术通过模拟人类的学习机制，使 AI 系统在不断试错中优化自身性能，提升任务完成的准确性与效率。例如，在自动驾驶领域（见图 5-3），深度强化学习技术通过对车辆行驶环境的建模与仿真，学习并掌握了最优驾驶策略，能够根据实时路况灵活调整行驶状态，确保自动驾驶的安全性与高效性。这一技术的融合应用，为 AI 在更多复杂场景下的智能决策提供了有力支持。

图 5-3　自动驾驶汽车

2. 人工智能与各行业的深度融合

1）AI 成为人类的“得力助手”

在医疗、法律、教育、远程办公等领域，AI 作为人类的得力助手，提供了个性化的服务和建议。

（1）医疗领域。AI 在医疗领域的应用将更加广泛，包括影像诊断、个性化治疗方案、健康管理等。通过训练深度学习模型解读医疗影像，辅助医生发现早期病变迹象；根据患者的基因组信息定制药物剂量和疗程；利用 AI 技术进行健康监测和预警。目前，人工智能驱动的机器人手术系统可以在医生的控制下进行精确的手术操作。例如，达·芬奇手术机器人（见图 5-4）已在许多复杂的外科手术中得到应用。

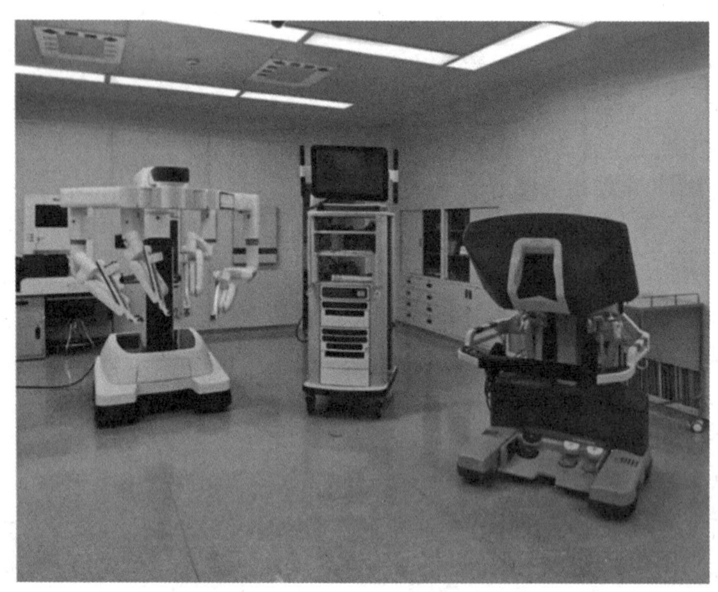

图 5-4　达·芬奇手术机器人

（2）法律领域。AI 在法律领域的应用可以协助律师进行案件研究和法律文书的撰写。通过自然语言处理技术，AI 可以理解和分析大量的法律文件和判例，帮助律师快速找到相关的法律依据和先例。另外值得一提的是，AI 还可以模拟法庭辩论，提供策略建议，帮助律师更好地准备案件（见图 5-5）。

图 5-5　智能交互法律服务站

（3）教育领域。AI 可以根据学生的学习进度和能力，提供个性化的学习资源和辅导（见图 5-6）。例如，智能教学系统可以根据学生的答题情况，自动调整教学内容和难度，确保每个学生都能在自己的节奏下学习。此外，AI 还可以通过情感分析技术，监测学生的情绪状态，及时提供心理支持和鼓励。

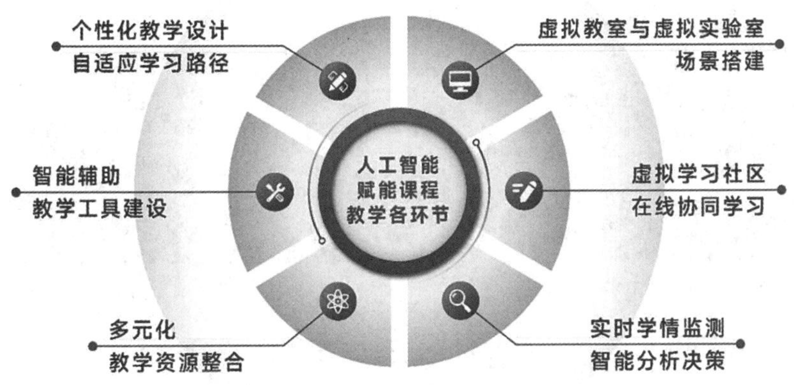

图 5-6　北京大学口腔虚拟仿真智慧实验室

（4）远程办公领域。AI 可以提高团队协作的效率和质量。例如，智能会议助手可以自动记录会议内容，生成会议纪要，并提醒参会人员后续的任务和安排。AI 还可以通过分析工作人员的工作习惯和效率，提供个性化的工作建议和时间管理方案，帮助工作人员更好地平衡工作和生活（见图 5-7）。

图 5-7　远程办公

2）AI 与传统产业的深度融合

在制造业中，AI 通过智能化生产线和机器人技术，实现生产过程的自动化和优化，提高生产效率和产品质量。例如，智能机器人可以在汽车制造中进行精密焊接和装配（见图 5-8），减少人为错误并提高生产效率。在农业领域，AI 通过精准农业技术（见图 5-9），帮助农民监测作物生长情况、预测天气变化，并提供定制化的施肥和灌溉方案，从而提高农作物的产量和质量。

图 5-8 AI 应用于汽车制造

图 5-9 AI 应用于农业灌溉

此外，AI 还在零售、金融、医疗等传统行业中发挥着越来越重要的作用，通过数据分析和智能决策支持，帮助企业提高运营效率、降低成本，并创造新的商业模式和服务。

3）生成式 AI 在创作工具、企业服务和行业解决方案中的应用

生成式 AI 将在创作工具、企业服务和行业解决方案等多个领域展现出强劲的增长势头。例如，在创作工具领域，AI 可以自动生成文本、图像、音频等内容；在企业服务领域，AI 可以提供任务管理、会议安排等服务；在行业解决方案领域，AI 可以针对特定行业的需求提供定制化的解决方案。

3. 政策与社会的发展

1）政策支持的加强

各国政府将加大对人工智能技术的支持力度，推动其快速发展和应用。通过制定相关政策和法规，为人工智能的发展提供有力的保障。这种政策支持不仅包括资金投入和税收优惠，还涉及人才培养、技术研发和基础设施建设等多个方面。政府的政策导向将极大地促进生成式 AI 技术的创新和应用，加速其在各个领域的落地和推广。

2）伦理与安全的关注

随着人工智能技术的广泛应用，伦理和安全问题也日益凸显。未来，需要加强对人工智能技术的伦理审查和安全监管，确保其符合人类价值观和伦理道德标准。这包括对算法透明度、数据隐私保护、偏见和歧视等问题的关注。通过建立完善的法律法规和伦理准则，可以有效规范 AI 技术的开发和应用，避免潜在的风险和负面影响，确保 AI 技术的健康和可持续发展。

5.1.2 技术发展对人工智能的推动作用

技术进步是推动人工智能发展的关键因素，从基础的计算能力提升，到先进的算法创新，再到大数据的积累以及云计算的普及，每一项技术的突破都为人工智能的飞跃提供了强大动力。人工智能的蓬勃发展，正植根于持续技术的革新之中。技术的不断演进，使人工智能得以在更广泛的领域展现其强大的智能潜力，无论是智能语音助手、自动驾驶，还是医疗诊断、金融分析，都见证了技术发展对人工智能不可或缺的重要推动作用。

1. 计算能力的提升

人工智能的发展受限于有限的计算能力。在早期，算法和计算资源相对原始，人工智能

的研究主要集中在理论探索和简单的模型上。计算机的处理速度和存储能力远远不能满足复杂人工智能算法的需求，因此，人工智能的应用范围和影响力相对有限。后来，随着技术的进步，特别是在半导体技术、算法优化和并行计算等领域的突破，使计算能力得到了显著提升。人工智能的发展经历了从理论到实践、从简单到复杂的转变，计算能力的提升为人工智能的广泛应用和深入研究提供了坚实的基础。

2. 算法的创新与优化

人工智能的核心在于算法，算法创新是技术发展的基石。近年来，大量创新的大模型架构涌现，尝试在保留 Transformer 模型架构优势的同时解决其算力开销太高的问题。这些架构包括类循环神经网络模型（如 RWKV）、状态空间模型（如 Mamba）、层次化卷积模型（如 UniRepLKNet）等，它们在不同程度结合卷积神经网络和循环神经网络等思想，展现出混合发展的趋势。在技术层面，Scaling Law 的泛化问题备受关注。第一代 Scaling Law 指引模型开发者在参数量、数据集和计算量之间寻求模型性能的最优解，引发了业界对算力、数据等资源分配的思考。

3. 大数据的积累与应用

数据是人工智能的“燃料”。随着互联网、物联网和移动设备的普及，数据的产生和积累呈指数级增长。大数据技术的发展使人工智能具备了存储、处理和分析海量数据的能力。机器学习和深度学习模型需要大量的数据训练，以提高其准确性和泛化能力。因此，大数据的积累为人工智能的发展提供了丰富的资源。例如，推荐系统（见图 5-10）采用深度学习技术在个性化推荐领域取得显著进展。深度学习模型，如多层感知器（MLP）、卷积神经网络、循环神经网络等，可以从海量数据中分析用户的浏览历史和购买记录，进而实现更精准的个性化推荐。

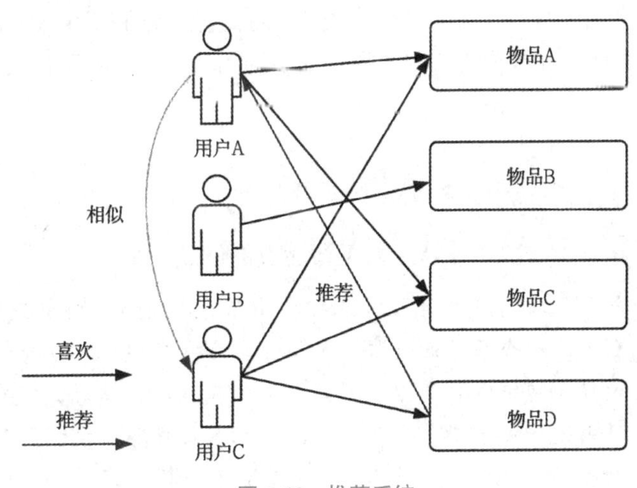

图 5-10　推荐系统

4. 云计算与分布式计算

云计算与分布式计算为人工智能提供了强大的计算能力和灵活的资源管理。以 AlphaGo 为例，它利用云计算平台的强大计算能力，通过深度学习算法训练出了能够击败世界围棋冠军的人工智能模型。云计算的出现极大降低了人工智能研发和应用的门槛，使得更多的研究机构和企业能够轻松获取强大的计算能力。通过云平台，开发者可以快速部署和扩展人工智能模型，无须担心底层硬件的维护和管理。此外，云计算还提供了丰富的服务和工具，如数据预处理、模型训练、自动调参等，进一步加速了人工智能的开发进程。

5. 边缘计算与物联网

边缘计算是一种分布式计算架构，它将数据处理和分析的任务从集中式的数据中心转移到网络的边缘，即靠近数据源的位置。这种计算模式旨在减少数据传输延迟，提高响应速度，并减轻中心服务器的负担。

边缘计算与物联网技术的发展使更多设备连接到互联网，产生大量实时数据。这些数据不仅数量庞大，而且种类繁多，涵盖从环境监测到智能家居等多个领域。对于人工智能来说，这些数据是宝贵的学习素材。通过对这些数据的分析和挖掘，人工智能可以更好地理解人类行为和社会现象，从而提供更加精准的服务。例如，智能交通系统通过分析道路流量数据，可以优化信号灯控制，减少拥堵，如图 5-11 所示。

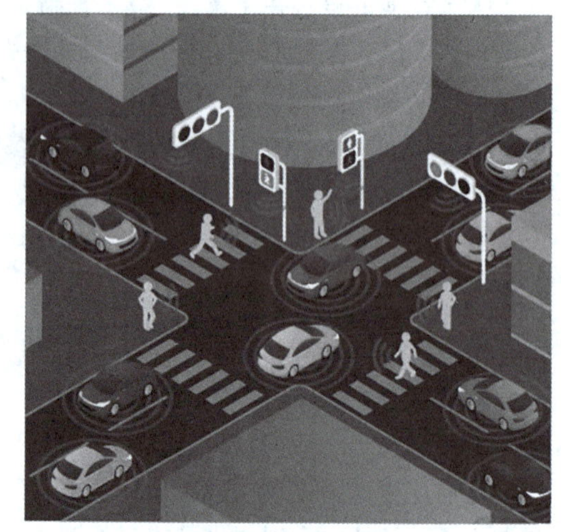

图 5-11　智能交通

6. 人工智能伦理与法律框架

伴随人工智能技术的不断发展，其对社会的影响也日益显著。技术发展推动了人工智能伦理和法律框架的建立。如何确保人工智能的公平性、透明性和安全性，成为技术发展过程中必须考虑的问题。相关法律法规的制定和伦理准则的建立，为人工智能的健康发展提供了指导和保障。

视野拓展

量子计算：人工智能发展的新引擎

量子计算是一种遵循量子力学规律调控量子信息单元进行计算的新型计算模式。这么说可能难以理解，换个简单的说法，量子计算可以在同一时刻并行处理多个计算路径，加快计算速度。传统的计算方式就像一个人在做一张试卷，需要一道题一道题解答，而量子计算则是将试卷拆分成几部分，同时进行解答，很明显量子计算的优势更大。人工智能面临的挑战之一就是需要大量的计算资源。我们知道，大模型需要海量的数据作为支撑，对海量数据进行训练，需要数以千计的 GPU。斯坦福大学发布的《2024 年人工智能指数报告》中指出，先进智能大模型的训练成本非常之高，像我们熟知的 ChatGPT-4，大概需要 7800 万美元的计算成本，谷歌的 Gemini Ultra 模型的计算成本需要 1.91 亿美元。

量子计算与人工智能结合具有巨大的潜力，也是推动人工智能技术发展的新引擎。其强大的并行处理能力可以对海量数据进行快速处理，加速大数据分析和模型训练的过程，优化大模型训练的速度和精度，推动 AI 模型的表现能力。

5.1.3 影响人工智能未来发展的关键因素

在当今这个科技日新月异的时代，人工智能已成为推动各行各业发展的核心驱动力，它广泛渗透至医疗健康、金融服务、智能制造及日常生活的各个领域，正以前所未有的深度和广度重塑世界。面对技术迭代加速的浪潮，一个关键问题亟待解答：究竟是什么在驱动人工智能不断进步并迈向更高层次？

1. 技术的创新与突破

技术的创新与突破无疑是推动人工智能发展的核心要素。近年来，深度学习、自然语言处理以及计算机视觉等领域的迅猛发展，显著增强了人工智能处理复杂任务的能力。诸如 OpenAI 的 GPT 系列模型与谷歌的 BERT 模型，在自然语言的理解与生成方面展现出非凡的实力，这一成就极大加速了人机交互领域的革新步伐。技术层面的飞跃不仅提升了 AI 的工作效率，还拓宽了其潜在的应用范畴，使 AI 能够在更为广泛的领域发挥举足轻重的作用。

2. 数据的质量与可获取性

人工智能的学习与成长离不开海量且高质量的数据支撑。数据的多样性、准确性及实时性对于提升 AI 模型的性能至关重要。物联网（IoT）与大数据技术的蓬勃发展丰富了实时数据资源，为 AI 模型的训练与优化提供了肥沃的土壤。但数据的采集与运用同样面临隐私保护与安全性的严峻挑战。如何在确保数据安全无虞的前提下，高效且充分地利用数据，将成为未来人工智能发展道路上亟须攻克的关键难题。

3. 跨学科合作

人工智能的应用远远超出计算机科学的范畴，它深刻地融入心理学、社会学、经济学等多个学科领域。通过不同学科间的交叉融合与紧密合作，我们能够更加全面而深刻地理解人工智能在社会中所产生的广泛影响，并据此设计出更加贴合人类实际需求与期望的智能系统。举例来说，在医疗领域，人工智能与生物医学的紧密结合催生了个性化医疗的崭新实践；而在教育领域，人工智能与心理学的携手并进则为学生提供了更加精准有效的学习指导与个性化建议。跨学科的深度合作有力地推动了技术的革新与进步，同时也确保了人工智能的应用能够更加贴近人性、更具人文关怀。

4. 公众的认知与接受度

尽管人工智能技术持续取得显著进步，但社会各界对其的认知与接纳程度却呈现出明显的差异性。一部分人满怀憧憬地展望 AI 的未来，而另一部分人则对其可能引发的风险与挑战心怀忧虑。在此背景下，加强公众教育与宣传，深化人们对人工智能的理解与接纳，显得尤为迫切与重要。唯有公众全面洞悉 AI 的潜能与局限，方能更加积极地拥抱这一技术革新，携手促进社会整体的飞跃。

5. 伦理与法律框架的建立

随着人工智能技术的广泛应用，一系列伦理与法律挑战也随之浮现，包括数据隐私保护、算法偏见消除以及责任归属明确等议题，越发凸显其重要性。确保人工智能技术的透明性与公平性，已成为社会各界普遍关注的焦点。为此，各国政府及国际组织正积极致力于探索并制定相关政策和法规，提升公众对人工智能技术的信任度，为技术的长远可持续发展奠定坚实的基础。

人工智能的蓬勃发展并非单纯依赖于技术的孤立突破，而是一个多维度、综合性的生态系统共同作用的结果。这一生态系统包括技术创新、伦理法律的规范、数据质量的保障、跨学科合作的深化以及公众认知的提升等多个层面。唯有这些要素协同并进，人工智能方能充分释放其内在潜力，为人类社会的进步贡献积极力量。

视野拓展

谁“动”了你的脸——人脸识别技术背后的隐私保护挑战

2021 年 4 月 9 日下午，备受瞩目的中国“人脸识别第一案”于杭州市中级人民法院迎来终审判决。被告方某野生动物世界有限公司，被判向原告郭某赔偿合同利益损失及交通费，总计 1038 元人民币，并删除郭某提交的面部特征等相关信息。此案持续引发了公众对数据泄露、个人权利遭受侵犯以及技术滥用等问题的深入讨论与广泛关注。

如今，人脸识别技术的应用场景已经日益丰富，从案件侦破、交通安检、课堂监控，到金融支付、社区门禁、手机解锁等，无所不在。然而，这项为人类生活带来诸多便捷的技术背后，却隐藏着不容忽视的巨大风险。

随着互联网技术的飞速发展，用户个人信息泄露已成为违法犯罪行为的重要源头之一。技术的进步在为用户带来便利的同时，也带来了安全隐患。因此，保护自身数据的安全将成为接下来亟待解决的重要问题。我们需要更加关注人脸识别技术背后的隐私保护问题，加强相关法律法规的制定和执行，以确保个人信息得到充分保护。

5.2 职业路径与能力提升

人工智能时代，技术的迅猛发展正以前所未有的速度改变职业岗位的格局，新兴职业层出不穷，传统岗位也在不断转型升级。因此，深刻理解并把握人工智能带来的职业岗位变化，积极提升自身能力，将成为学生在未来职业道路上掌握更多主动权的关键所在。

探索发现

神奇的“人工智能训练师”

在当今这个 AI 大放异彩的时代！您是否曾好奇是谁在为 AI 赋予神奇的能力？

答案就是“人工智能数据训练师”（artificial intelligence trainer）。

他们是 AI 成长道路上的引路人，也是幕后的智慧工匠！

1）数据大厨：把“知识”喂给 AI

想象一下，你要教一个初学英语的孩子认识字母，你会怎么做？你可能会拿着一本字母卡，指着上面的字母，告诉他“这是 A”。人工智能训练师也是如此，他们会搜集海量的单词、句子、对话等资料，然后将这些资料整理、归档，便于 AI 学习。举个例子，要训练 AI 理解 apple 这个单词，就需要给它看很多苹果的图片，听很多关于苹果的描述，并且告诉它 apple 就是苹果。训练素材越丰富，AI 就能越深刻地理解 apple 的含义。

2）训练督导：让 AI“开窍”

提供训练数据仅是起点，关键在于让 AI 学会如何融会贯通。这就好比为 AI 安排一系列精心设计的课程，而各种算法和模型则是这些课程的灵魂。

人工智能训练师的角色，类似于一位经验丰富的教育者，他们需依据具体任务的需求，精挑细选最适合的算法模型，并细心调整模型的各项参数，就如同教师针对每位学生的独特性格和学习进度，量身定制个性化教学计划一般。

3）问题侦探：找出 AI 的“漏洞”

AI 在学习之旅中，自然会碰到一些难题和误区，正如学生在解题过程中难免出错。人工智能训练师的任务便是捕捉这些错误，深入剖析其根源，随后通过调整训练数据或优化模型，为 AI“指点迷津”，助其走上正轨。这一过程，恰似一位慧眼识珠的教师，能够敏锐地洞察学生在学习上的症结所在，并迅速给出精准的指导和建议。

4）未来展望：人工智能训练师的职业发展

随着人工智能领域的蓬勃兴起，人工智能训练师这一职业展现出巨大潜力。未来的人工智能训练师，不仅需要精通各种算法模型，还需要广泛涉猎各行各业的专业知识，具备出色的沟通技巧与卓越的团队合作能力。他们的职责将远远超越基础的“数据投喂”与“参数微调”，而是要深入探索 AI 的学习奥秘，助力 AI 更精准地把握世界脉搏，攻克各类复杂难题。

人工智能训练师绝非简单的“数据传递者”，他们是 AI 技术革新道路上的关键引领者，肩负着“启迪 AI 智慧”的使命，为人工智能领域的飞速发展倾注无尽的心血与才智。你想成为一名人工智能训练师吗？

知识准备

5.2.1 AI 时代，职业何去何从

人工智能技术正以惊人的速度重塑我们的日常生活与工作模式。智能化与自动化的尖端技术层出不穷，众多传统职业岗位面临被替代的风险，与此同时，一系列新兴的职业领域也在不断涌现并蓬勃发展。在 AI 主导的新时代，职业工作岗位又会发生什么变化？

《中国新一代人工智能科技产业发展报告 2024》中指出我国人工智能产业技术体系包括大数据与云计算、物联网、5G/6G、智能机器人、智能芯片、自动驾驶、虚拟 / 增强现实、计算机视觉、光电技术、智能推荐、语音识别、区块链、大模型、空间技术、生物识别、网络安全、自然语言处理、算力网络、人机交互、操作系统、AI 框架、知识图谱、多模态、具身智能在内的 24 个技术类别。其中，大模型、网络安全、算力网络、操作系统、AI 框架、多模态、具身智能等技术类型是 2023 年中国人工智能产业应用活跃的技术类别。从技术合作关系的占比来看，排名第一的是大数据与云计算，第二是物联网，第三是 5G/6G（见图 5-12）。

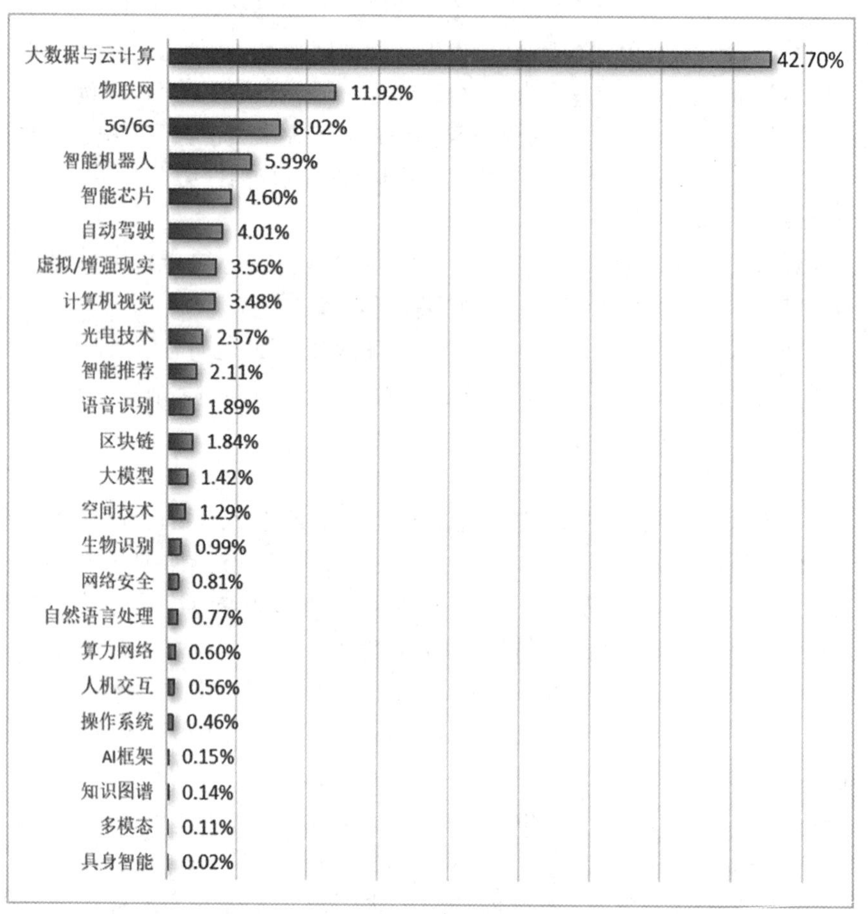

图 5-12 《中国新一代人工智能科技产业发展报告 2024》技术类别的技术合作密度分布

随着人工智能产业体系的不断扩展和深化，未来的职业趋势将呈现出多元化的发展态势。作为技术发展的热点领域之一，人工智能相关职业将迎来爆发式增长。其在跨行业数字化转型中的关键作用，推动了相关就业机会的大幅增长。据美国市场研究和咨询公司 Grand view Research 预测，2023—2030 年，全球人工智能市场规模将以 37.3% 的复合年增长率 (CAGR) 扩大。这种增长不仅创造了新的职业机会，还重塑了现有的角色，使人工智能的能力成为就业市场上的宝贵资产。世界经济论坛发布的《2023 年未来就业报告》测算，未来 5 年全球企业预计创造约 6900 万个新的工作岗位。与此同时，国际劳工组织预测，到 2030 年，全球制造业领域可能会有多达 2600 万个工作岗位被自动化技术所取代，如表 5-2 所示。

表 5-2　人工智能代替职业岗位情况

最容易被 AI 代替的职业	最不容易被 AI 代替的职业
客户服务和销售人员	医疗专业人员
秘书与行政助理	教师与教育工作者
软件工程和研发类人员	艺术家与创意工作者
网页与数字界面类设计师	心理咨询师与心理健康专家
文字或图片等内容创作者	科学家与研究人员
口译与笔译员	运动员与教练
新闻工作者	建筑师
财务分析师	企业家

人工智能在智商和运算能力方面展现出超越人类的潜力，能够执行高风险的作业并高效完成各类任务。但人类在理解力、情感智慧、创造力、道德判断等软性能力上的优势，仍然是机器在短时间内难以匹敌和取代的。这些软实力是人类独有的宝贵财富，也是我们在与人工智能共存和合作中发挥独特价值的关键所在。

展望未来，人工智能预计将开辟新的职业天地，并推动其他行业的广泛发展。世界经济论坛发布的报告《未来工作：大语言模型与就业》指出以下三个关键领域的就业机会将井喷。

1. 人工智能训练领域

人工智能训练师是该领域的关键角色，他们负责开发人工智能技术，包括研究大语言模型的工程师和科学家。例如，ChatGPT 等生成式人工智能工具的开发正是基于这些大语言模型。而且，随着用以训练大模型的定制微芯片需求不断增加，电子工程师的就业机会也将日益增多。

2. 人工智能解释领域

人工智能训练涉及的是后台工作，而人工智能解释则致力于让公众能够便捷地使用人工智能技术。人工智能解释员将负责设计人机交互界面，可以看作大语言模型的“用户体验设计师”。报告预测，市场上可能会出现更多个性化的人工智能助理、导师或教练等定制化产品。

3. 人工智能维护领域

人工智能维护的主要职责是确保人工智能系统的高效运行。报告中提到，人工智能维护将涵盖三种主要的岗位类型：内容创作者、数据管理员以及伦理与管理专家。内容创作者负责通过编写文本提示引导大语言模型生成用户想要的内容。数据管理员负责确保大语言模型能够获得最佳数据，包括数据的采集、清洗、录入以及数据质量和完整性检查等。伦理与管理专家负责确保大语言模型不会生成有偏见或者不道德的内容，涉及产品发布前的广泛系统测试。

视野拓展

2024年5月24日，人力资源和社会保障部发布公示，拟增加生成式人工智能系统应用员等19个新职业、增加移动操作系统应用设计员等29个新工种，其中与计算机有关的职业就有8个。

1）网络安全等级保护测评师

使用相关技术、方法和工具，依据国家网络安全等级保护相关法律法规和技术标准，对网络系统和数据开展安全技术检测评估和安全管理体系审核的人员。

2）云网智能运维员

从事云网相关服务系统运维，运用云计算和智能网络技术及工具，实现云网日常管理、运行维护、性能调优、故障排除、应急处置等工作的人员。

3）生成式人工智能系统应用员

运用生成式人工智能技术及工具，从事生成式人工智能系统设计、调用、训练、优化、维护管理等工作的人员。

4）工业互联网运维员

使用软件、专用设备、检测仪器及工具，对工业互联网系统进行网络互联互通、数据采集处理、标识解析应用、平台应用优化、系统安全维护的人员。

5）智能网联汽车测试员

使用工具、量具、检测仪器及设备，对智能网联汽车及其相关零部件进行功能验证和测试的人员。

6）网络主播

在互联网上，从事音视频、图文信息等实时播出或交互服务的人员。

7）智能制造系统运维员

从事智能制造系统数据采集、状态监测、故障分析与诊断、预防性维护、保养作业和优化生产的人员。

8）智能网联汽车装调运维员

使用专用设备、工具、仪器仪表，对智能网联汽车和路侧设备进行装配、调试、测试、联调、状态监测、运维等工作的人员。

5.2.2 AI时代，你准备好了吗

2023年，好莱坞曾掀起一场声势浩大的罢工浪潮，其根源在于AI技术对影视行业的渗透。为了捍卫自己的职业生涯不被“侵蚀”，相关从业者纷纷走上街头，高声抗议AI的入侵。同年，原画师群体也遭受严重冲击，他们曾经需要耗费数小时乃至数天精心雕琢的作品，如今AI却能在短短几秒钟内轻松完成，这一现实迫使许多原画师不得不面对失业的困境。此前，众多软件的人工客服也遭遇了AI的冲击，那些曾经以追求五星好评为己任、时刻保持在线并提供亲切服务的他们，最终被永远在线且面带微笑的AI客服所取代，在这场没有硝烟的战争中败下阵来。

人工智能作为驱动第四次科技革命的核心战略性技术，在极大程度上减轻了人类的工作负担，提高了生产效率，但也为我们带来了前所未有的职业挑战与转型压力。

1. 职业替代与失业风险

AI系统凭借高效、准确和不知疲倦的优势，正在逐步取代那些重复性高、标准化强的劳动岗位，如数据录入员、客服代表等。在医疗、法律等专业领域，AI通过深度学习和大数据分析等技术手段，展现出强大的竞争力，改变了一些专业技术岗位的工作方式和要求，增加了从业人员的失业风险。

2. 技能更新与职业发展压力

AI技术的快速发展改变了工作方式和效率，要求从业人员不断学习和更新自己的技能。此外，AI技术的普及和应用也推动了新兴职业的出现，如数据分析师、AI工程师、AI训练师等，对从业人员的综合素质和创新能力提出了更高要求。

3. 人机协作与沟通挑战

AI技术的普及使人机协作成为未来工作的重要模式。但如何与AI系统有效协作，实现人机协同，提高工作效率和质量，是从业人员需要面对的挑战之一。此外，由于AI系统在沟通和交流方面仍存在局限性，如何与其进行有效的沟通和交流，确保信息的准确传递和理解，也是从业人员需要克服的难题。

那么，在这场技术革命中，为帮助自己在未来职业选择中保持竞争力和灵活性，需要具备哪些能力？

首先，需要具备数字素养和数据分析能力。数字素养，简言之，就是对新兴技术及数字化工具运用自如的能力，它涵盖计算机基础知识、网络安全防护技能以及信息管理的高效实践等多个维度。而数据分析能力，则是指我们能够熟练地收集、系统整理并深入剖析海量数据，洞察其隐藏的规律与趋势，为决策提供坚实的数据支撑与精准指导。掌握这两项能力，可以助力我们更精准地把握市场动态与用户的真实需求，提升工作效率与决策准确性，为我们在未来的职场竞争中赢得更多的主动权与发展空间。

其次，需要具备跨领域学习能力。将所学专业知识与人工智能技术相结合，形成独特的竞争力，创造出更具创新性和实用性的解决方案。这将有助于在未来职场中拓展发展空间，实现职业转型和升级。

再次，需要具备持续学习能力。持续学习能力是指个体不断学习新知识、新技能和新方法的能力。在人工智能时代，技术更新换代速度加快，职场竞争越发激烈，保持持续学习的态度和能力至关重要。通过参加在线课程、研讨会等活动，不断更新自己的知识库，提升技能水平。同时，持续学习也有助于个体保持对新技术的敏锐感知和适应能力，在职场中保持领先地位。

复次，需要具备软技能。软技能包括良好的沟通能力、团队协作能力、适应性和创新能力。在学习生活中，可以通过参与团队项目、社交活动等方式，锻炼自己的软技能。有效的沟通能够帮助自己在团队中更好地表达，促进合作；团队协作能力则能够让自己在集体中发挥作用，共同解决问题；适应性强的学生能够迅速适应新环境和新技术；而创新能力则是推动个人成长和职业发展的关键。通过培养软技能，可以让从业者在职场中更好地与他人合作，实现个人价值。

最后，需要具备伦理与法律意识。在人工智能领域，隐私保护、数据安全、算法偏见等问题日益凸显。因此，在学习和实践中，需要着重关注并思考这些伦理问题，培养自己的伦理意识。同时，还需要了解与人工智能相关的法律法规，如数据保护法、知识产权法等，确保自己的行为合法合规。通过培养伦理与法律意识，能够在职场中做出更加负责任和可持续的决策，为社会的和谐发展贡献力量。

面对未来的无限可能与挑战，我们必须秉持终身学习的态度，不断精进核心能力。唯有如此，方能在瞬息万变的职场中稳操胜券，把握每一个成长与成功的机遇。AI时代，你准备好了吗?

视野拓展

人工智能训练师应具备什么能力?

人工智能训练师是指使用智能训练软件，在人工智能产品实际使用过程中进行数据库管理、算法参数设置、人机交互设计、性能测试跟踪及其他辅助作业的人员。

1）人工智能训练师的核心职责

（1）数据采集与预处理。从多元化渠道精准搜集数据，熟练完成数据的预处理与清洗工作，确保数据质量，为后续模型训练奠定坚实基础。

（2）模型构建、调试与优化。借助前沿机器学习与深度学习技术，开发模型并精细调试优化，提升模型的精确度与整体性能，使其更加高效、可靠。

（3）算法探索与实验验证。紧跟机器学习与深度学习领域的最新算法动态，深入研究并实验对比，精准筛选适配特定问题的算法，推动技术创新与应用升级。

（4）结果深度分析与报告撰写。对模型结果进行全面、深入的分析，撰写详尽报告，清晰阐述模型的性能表现、潜在应用场景及价值，为决策提供支持。

（5）团队协作与沟通桥梁。在团队中与数据科学家、软件开发人员、产品经理等多方紧密合作，共同推动项目进展。同时，具备与非技术人员有效沟通的能力，能将复杂的人工智能模型原理及应用场景以通俗易懂的方式传达，促进跨领域理解与合作。

2）人工智能训练师应具备的主要能力

（1）业务知识和分析能力。了解业务规则、流程和解决方案，精准分析用户问题和业务需求，提出优化建议。

（2）数据处理和分析能力。熟练使用数据采集、清洗、标注和统计工具，处理大规模数据集，理解数据的特点和分布，进行数据分析和模型调优。

（3）编程能力。掌握Python、C语言等编程语言，实现算法开发，并熟练利用相关的开发工具和环境。

（4）模型调优和优化能力。擅长超参数调整、模型结构优化、损失函数选择等，全方位提升模型性能和准确度。

（5）沟通能力。工作过程中需要与数据科学家、算法工程师、产品经理等团队成员紧密合作，因此，要具备良好的团队协作和沟通能力。

（6）行业背景和知识。熟悉公司行业领域知识，尤其精通语言或图像数据特点，拥有 AI 行业知识或相关产品运营经验，能精准预判行业趋势、深挖场景痛点、设计 AI 方案。

（7）逻辑能力和文字书写能力。需要具备良好的逻辑能力和文字书写能力，能够通俗易懂地阐释专业术语信息。

（8）疑问解决能力。需要具备良好的难题应对能力，能够针对疑惑提出有效的解决方案。

案例实训

制订个人职业规划与能力提升计划

在人工智能时代，制订个人职业规划至关重要。这不仅能帮助个人明确职业目标，还能指导如何有效获取和更新与 AI 相关的知识和技能，从而在快速变化的技术环境中保持竞争力。通过规划，个人可以更有针对性地提升自己，抓住由人工智能带来的新机遇，避免被技术淘汰，实现职业生涯的稳定增长和成功转型。

活动要求：以个人发展为中心，从自我认知、职业认知、目标设定、行动计划等方面出发，填写一份个人职业规划和能力提升计划表，如表 5-3 所示。

表 5-3 个人职业规划与能力提升计划表

基本信息 姓　名：________ 性　别：________ 年　龄：________ 就读院系：________ 班　级：________		
自我认知	性格与兴趣评估	通过 MBTI 性格类型量表、霍兰德职业兴趣量表等心理测试或职业兴趣、价值观测试，了解自身的性格类型、优势与劣势，以及职业兴趣所在
	价值观与动机探索	思考并列出对自身最重要的价值观，如成就感、家庭、社会贡献、个人成长等，理解自己在工作中最看重的因素，识别个人的潜在职业动机
	技能与能力盘点	通过自我评估与外部反馈，明确个人在语言表达、专业技能等方面的现有水平，以精准定位自身在职业发展中的优势与不足，从而制订相应发展计划
	自我认知评估：	

续表

<table>
<tr><td rowspan="5">**职业认知**</td><td>职业领域探索</td><td>初步了解不同行业的基本情况，以及目标职业岗位在工作环境、工作职责等方面的主要特征</td></tr>
<tr><td>职业要求分析</td><td>明确目标职业所需的特定职业素养与技能要求</td></tr>
<tr><td>职业发展趋势</td><td>了解目标职业的行业趋势、市场需求及职业发展路径</td></tr>
<tr><td>职业匹配度</td><td>评估个人兴趣、能力、价值观与目标职业的匹配程度</td></tr>
<tr><td colspan="2">职业认知评估：</td></tr>
<tr><td rowspan="3">**短期目标**</td><td>目标导向</td><td>求学阶段，了解人工智能领域的前沿技术和应用趋势，深化职业认知，进行初步的职业方向探索</td></tr>
<tr><td>时间规划</td><td></td></tr>
<tr><td colspan="2">行动计划：</td></tr>
<tr><td rowspan="3">**中期目标**</td><td>目标导向</td><td>顺利进入目标职业领域，迅速适应新环境，融入新团队，初步实现职业规划，为长期发展奠定良好基础</td></tr>
<tr><td>时间规划</td><td></td></tr>
<tr><td colspan="2">行动计划：</td></tr>
<tr><td rowspan="3">**长期目标**</td><td>目标导向</td><td>在职业领域内稳步发展，成为专家或领军人物，具备独立承担重要项目和解决复杂问题的能力，能够实现人生价值和社会价值</td></tr>
<tr><td>时间规划</td><td></td></tr>
<tr><td colspan="2">行动计划：</td></tr>
<tr><td colspan="3">**小组评价：**</td></tr>
<tr><td colspan="3">**教师评价：**</td></tr>
</table>

自我测试

1. 辨一辩：人工智能技术是否会导致大规模失业，从而加剧社会不平等？
2. 辩一辩：自动驾驶汽车在道德抉择上该如何权衡生命的价值？

模块自评

模块名称	模块 5　智绘未来——人工智能未来发展与职业方向规划	评价人	
检查评价点			评价等级（A、B、C、D）
素质	在了解人工智能的基本概念和主要技术的基础上，理解人工智能的未来趋势和技术发展方向，以有效应对 AI 时代下个人职业生涯的机遇与挑战		
	通过对人工智能技术革新层面的潜在问题探知，深入思考背后涉及的数据安全和伦理边界，树立科技发展中的法律意识和道德观念		
	通过了解人工智能在各个社会领域的融入现状与发展趋势，感知人工智能对我们的生活方式和工作模式的影响，体会人工智能的发展潜力和重要性，拓展前沿视野与认知		
	通过了解人工智能技术发展引领下的职业环境变革，明确个人职业路径选择及所需技能，针对性制订能力提升计划，以确保核心竞争力		
知识	了解人工智能行业、产业链		
	了解人工智能的发展趋势		
	了解人工智能发展引发的问题		
	理解数据、算法和算力的基本概念、现状及发展		
	掌握人工智能领域的职业路径选择		
能力	能表述人工智能行业、产业链的基本环节		
	能列举人工智能的主要发展应用		
	能找到人工智能发展问题的解决对策		
	能阐述数据、算法和算力的基本概念、现状及发展		
	能识别并提升职业发展所需的核心能力		

注：评价等级 A 为优秀、卓越；B 为良好，还有提升空间；C 为一般，有待提升；D 为较差，需重点关注。

参 考 文 献

[1] 董占军，顾群业，李广福，等. 人工智能设计概论 [M]. 北京：清华大学出版社，2024.
[2] 肖汉光，王勇. 人工智能概论 [M]. 北京：清华大学出版社，2020.
[3] 周志华. 机器学习 [M]. 北京：清华大学出版社，2016.
[4] 唐滔. 人工智能基础与应用 [M]. 北京：中国人民大学出版社，2025.
[5] 蒋德琦. 人工智能基础 [M]. 重庆：重庆大学出版社，2024.
[6] 王忠元，周蓉. 人工智能：AIGC 基础与应用 [M]. 北京：中国人民大学出版社，2025.
[7] 轩书科，姜亮，高明武，等. 人工智能导论 [M]. 北京：清华大学出版社，2025.